Faten Amri
Yosra Bouraoui

Développement d'une solution de traçabilité des colis par RFID

Faten Amri
Yosra Bouraoui

Développement d'une solution de traçabilité des colis par RFID

Application à la Poste Tunisienne

Éditions universitaires européennes

Impressum / Mentions légales
Bibliografische Information der Deutschen Nationalbibliothek: Die Deutsche Nationalbibliothek verzeichnet diese Publikation in der Deutschen Nationalbibliografie; detaillierte bibliografische Daten sind im Internet über http://dnb.d-nb.de abrufbar.
Alle in diesem Buch genannten Marken und Produktnamen unterliegen warenzeichen-, marken- oder patentrechtlichem Schutz bzw. sind Warenzeichen oder eingetragene Warenzeichen der jeweiligen Inhaber. Die Wiedergabe von Marken, Produktnamen, Gebrauchsnamen, Handelsnamen, Warenbezeichnungen u.s.w. in diesem Werk berechtigt auch ohne besondere Kennzeichnung nicht zu der Annahme, dass solche Namen im Sinne der Warenzeichen- und Markenschutzgesetzgebung als frei zu betrachten wären und daher von jedermann benutzt werden dürften.

Information bibliographique publiée par la Deutsche Nationalbibliothek: La Deutsche Nationalbibliothek inscrit cette publication à la Deutsche Nationalbibliografie; des données bibliographiques détaillées sont disponibles sur internet à l'adresse http://dnb.d-nb.de.
Toutes marques et noms de produits mentionnés dans ce livre demeurent sous la protection des marques, des marques déposées et des brevets, et sont des marques ou des marques déposées de leurs détenteurs respectifs. L'utilisation des marques, noms de produits, noms communs, noms commerciaux, descriptions de produits, etc, même sans qu'ils soient mentionnés de façon particulière dans ce livre ne signifie en aucune façon que ces noms peuvent être utilisés sans restriction à l'égard de la législation pour la protection des marques et des marques déposées et pourraient donc être utilisés par quiconque.

Coverbild / Photo de couverture: www.ingimage.com

Verlag / Editeur:
Éditions universitaires européennes
ist ein Imprint der / est une marque déposée de
OmniScriptum GmbH & Co. KG
Heinrich-Böcking-Str. 6-8, 66121 Saarbrücken, Deutschland / Allemagne
Email: info@editions-ue.com

Herstellung: siehe letzte Seite /
Impression: voir la dernière page
ISBN: 978-3-8417-4681-8

Zugl. / Agréé par: Tunis, Université de Carthage, 2012

Dédicaces

A mes chers parents Salah et Bornia,

Qui m'ont toujours soutenue

Qui m'ont aidée, qui sont très fiers de moi

Et qui sont pour moi très chers.

A ma sœur Nawel et mes frères Hichem et Houssem,

Qui m'ont encouragée et m'ont donné l'amour

Qui m'ont respectée et m'ont créé l'humour

Qui m'ont offert la bonne ambiance

Et m'ont dit toujours : AVANCE

A ma collègue Yosra

Avec laquelle j'ai partagé

Chaque moment d'inquiétude

De fatigue et de la joie de la réussite

A mes amis,

Qui détestent le mot merci

Qui m'ont souhaité le bonheur

La bonne vie et l'honneur

A mon cher oncle Moncer et ma tante Zohra

A toute ma famille

Et à tous ceux qui m'aiment

Je dédie ce travail

Faten

Dédicaces

Je remercie **Dieu** le tout puissant pour l'aide, le courage et
la patience qu'il m'a accordés tout au long de mon cursus.
Je dédie ce mémoire aux êtres qui me sont les plus chers
au monde, **mes parents**, à qui je ne saurai exprimer ma
profonde reconnaissance et gratitude… mais je sais bien
que ma réussite est le plus beau et le plus cher cadeau à lui
offrir.

A toi **ma mère**, pour ton amour, ta patience et ta présence
à mes côtés dans les moments les plus difficiles que j'ai
vécus.

A toi **mon père** pour ton amour, ta patience et surtout les
sacrifices que tu as fait pour nous.

A vous ma soeur **Olfa**, mes chers frères **Chamssediene** et
Skander, et mon fiancé **Mohamed Becem** pour votre
amour, votre patience et surtout vos encouragements qui
me donnaient toujours les forces nécessaires pour
continuer, tout au long de mon cursus.

Je dédie aussi ce mémoire à ma binôme **Faten** tout en
reconnaissant sa gentillesse et sa patience tout au long
d'une année de travail ensemble.

Pour n'oublier aucun, à tous **mes amis**, qui de près ou de
loin m'ont encouragée tout au long de mon cursus.

À **tous ceux** qui ont fait de moi ce que je suis aujourd'hui.

Je leur dédie ce mémoire.

Yosra

Remerciements

Avant tout développement sur cette expérience professionnelle, il apparaît opportun de commencer ce rapport de fin d'études par des remerciements, à ceux qui nous ont beaucoup appris au cours de notre stage, et même à ceux qui ont la gentillesse de faire de ce stage un moment très agréable.

Nous tenons à remercier dans un premier temps, toute l'équipe pédagogique de l'Ecole Supérieure de Technologie et d'Informatique et les intervenants professionnels responsables de la formation d'ingénieur en Mécatronique, pour avoir assuré la partie théorique de celle-ci.

Nous adressons nos respectueux remerciements à nos deux encadrants Messieurs Adnen RAJHI et Yessine FRIAA. Merci Messieurs pour nous avoir encadrées durant cinq mois, au cours desquels vos grandes disponibilités, vos rigueurs scientifiques, vos enthousiasmes et vos précieux conseils nous ont permis de travailler dans les meilleures conditions. La confiance et le soutien illimité que vous nous avez accordés ainsi que nos nombreuses discussions nous ont permis de progresser et de mieux appréhender les différentes facettes de notre projet de fin d'études.

Nous remercions également le professeur Ridha BOUALLEGUE pour l'aide, les conseils et le temps précieux qu'il nous a consacré.

Enfin, nous tenons à remercier tout particulièrement et à témoigner toutes nos reconnaissances aux personnes suivantes, pour l'expérience enrichissante et pleine d'intérêt qu'elles nous ont fait vivre durant ces cinq mois au sein du centre de tri de la Poste Tunisienne :

Monsieur Hedi BOUALLEGUE, chef de service, pour son accueil et pour la confiance qu'il nous a accordées dès notre arrivé dans l'entreprise.

Monsieur Malek CHOUCHAN, ingénieur en informatique, pour le temps précieux qu'il nous a consacré chaque fois que nous avons besoin d'aide, sachant répondre à nos interrogations sans oublier sa participation au cheminement de ce travail.

Ainsi que l'ensemble du personnel du centre de Tri Postal pour leur accueil sympathique tout au long de ces cinq mois.

Résumé

Le présent travail s'inscrit dans le cadre d'un projet de fin d'études en vue de l'obtention du Diplôme National d'Ingénieur en Mécatronique. Ce projet porte sur la traçabilité des colis postaux par la technologie RFID au profit de la Poste Tunisienne.

Ce document est composé de deux parties. La première partie donne un aperçu sur la technologie d'identification par radiofréquence RFID avec des détails techniques. Elle a pour but de présenter cette technologie émergente et très prometteuse pour l'identification et la traçabilité des colis. Cette partie contient aussi une phase de conception d'une antenne patch rectangulaire par le logiciel de simulation Advanced Design System. Enfin, certains résultats de simulation sont inclus dans le présent document.

La deuxième partie présente la simulation à l'aide du logiciel Rifidi dont le but est de suivre le cheminement des colis postaux.

Mots-clés : Traçabilité, RFID, Rifidi, Etiquette, Lecteur, Antenne patch rectangulaire, Advanced Design System.

Abstract

The present work is part of a project of the end of studies in order to obtain the National Diploma in Mechatronics Engineering. This project involves for the traceability of parcels using RFID technology for the benefit of the Tunisian Post.

This document is structured in two parts. The first part gives an overview of RFID technology with technical details. It aims to present this emerging and very promising technology for the identification and traceability of parcels. It includes also a design work for a rectangular patch antenna by simulation using the software Advanced Design System. Finally, some simulation results are included in this document.

The second part presents the application developed using Rifidi which aims to track the movement of parcels.

Keywords: Traceability, RFID, Rifidi, Tag, Reader, Rectangular Patch Antenna, Advanced Design System.

Table des matières

Liste des tableaux

Liste des figures

Liste des annexes

Annexe 1 : Rapport d'un test réalisé par Rifidi Emulator

Annexe 2 : Résultat d'une suite des tests réalisés par Rifidi Tag Streamer

Annexe 3 : Etapes de conception réalisées par Rifidi Designer

Glossaire

ADS	Advanced Design System
ASK	Amplitude Shift Keying
EAN	Efficient Article Numbering
ECSpec	Environment Control Specialist
EEPROM	Electrically Erasable Programmable Read Only Memory
EPC	Electronic Product code
FDX	Full Duplex Communication
FSK	Fréquency Shift Keying
GMS	Global Monitoring System
GPIO	General Purpose Input Output
HDX	Half Duplex Communication
IDE	Integrated Develpoment Environment
IEC	International Electrotechnical Commission
IFF	Identify Friend or Foe
IPS	International Postal System
ISM	Industriel Scientifique Medical
ISO	International Organisation for Standardisation
JTC	Joint Technical Committee
LF	Low Frequency
NRZ	No Return to Zero
ONP	Office National des Postes
OOK	On Off Keying
RF	Radio Fréquence
RFID	Radio Frequency IDentification
RTF	Reader Talks First
SEQ	Sequential Communication
SHF	Super High Frequency
TTF	Tag Talks First
UCC	Uniform Code Council
UHF	Ultra Hautes Fréquences
UPU	Union Postale Universelle

Introduction générale

La traçabilité est une terminologie récente pour signifier le suivi de produits à des fins de localisation, de gestion, de contrôle ou encore d'accroissement de productivité. De ce fait, la traçabilité demeure un facteur majeur d'efficacité commerciale dans divers domaines tels que la distribution, la production ou la logistique. Le principe de cette terminologie repose sur l'identification par la technologie des codes à barres.

Néanmoins, un code à barres ne contient que des informations limitées et figées dans le temps. En plus, sa lecture nécessite une visibilité optique directe et donc un espace d'utilisation réduit. Dans le but de contourner ces inconvénients, le remplacement des codes à barres par des puces électroniques apporte une solution ingénieuse.

Ainsi, les méthodes d'identification des données ont évolué au moyen des systèmes complets et intelligents par communication sans fil destinée à des applications à ambiance intelligentes. Citons comme exemple d'application l'identification par radiofréquence RFID (Radio Frequency IDentification).

En effet, un système RFID est constitué principalement d'un lecteur et d'une puce électronique incorporée dans l'objet à identifier. L'importance de cette technologie réside dans le fait que l'information que peut contenir la puce, et non seulement plus grande que celle contenue dans un code à barres, mais aussi plus dynamique. En outre, la communication entre la puce et le lecteur s'établit via un transfert sans contact des données.

Cependant, malgré l'élévation du coût de fabrication des puces RFID par rapport à celui des codes à barres, le progrès qu'apporte un tel dispositif à la distribution, la production et la gestion fait le retour sur l'investissement qui sera très important. De plus, la normalisation permet de préserver la dimension mondiale du marché de la RFID et donc de maximiser les volumes de vente.

Dans ce contexte, la Poste Tunisienne peut se servir de cette technologie d'auto identification RFID afin d'assurer la traçabilité à distance des colis postaux à l'aide d'une étiquette qui émet des ondes radio tout en étant attachée ou incorporée dans le colis. L'implémentation d'une telle technologie contribue à l'amélioration de l'efficacité du contrôle et la sécurité des colis de la Poste.

Ainsi, le présent travail s'inscrit dans le cadre de notre projet de fin d'études en vue de l'obtention du Diplôme National d'Ingénieur en Mécatronique.

En effet, notre projet intitulé " **Développement d'une solution de traçabilité des colis par la technologie RFID : Application à la Poste Tunisienne**" s'est déroulé au sein du centre de Tri Postal de la Poste Tunisienne durant la période allant du premier Février 2012 jusqu'à fin juin 2012.

L'objectif de ce projet consiste, tout d'abord à trouver une solution pour la traçabilité des colis postaux en utilisant la technologie d'identification par radio fréquence RFID. Il s'agit donc de développer une application susceptible de vérifier les états des colis détectés et de rapporter les informations associées à ces derniers dans une base de données afin de contrôler leurs cheminements. Comme approche pour ce sujet, on propose de construire un émulateur complet utilisant comme source le matériel RFID (lecteurs et colis tagués) et ceci à l'aide du logiciel Rifidi.

De plus, ce projet traite également, la transmission RF (Radio Fréquence) entre les antennes dans un système RFID. En fait, la transmission des données sans fil implique l'utilisation de deux antennes (dans le cas de notre application RFID, on parle des antennes pour les lecteurs et des antennes pour les tags), reliées à un circuit électronique, lui-même dédié à une application RFID.

Ainsi, notre rapport sera structuré en deux parties :

La première partie est composée de trois chapitres dont le premier est consacré à la présentation du contexte général du projet. Le deuxième chapitre est dédié pour la présentation de la technologie RFID. Enfin, le troisième chapitre comporte une étude technique de la transmission RF de cette technologie ainsi qu'une phase de conception d'une antenne patch rectangulaire dans la bande de fréquence de 2.45 GHz.

La deuxième partie, dans laquelle nous avons présenté notre solution de traçabilité des colis postaux par la création d'un détecteur virtuel des colis à base de la technologie RFID, sera composée de deux chapitres ; le quatrième chapitre est dédié pour la présentation des outils logiciels RIFIDI. Le dernier chapitre comporte les différentes étapes réalisées ainsi que toutes les interfaces graphiques obtenues lors de l'émulation du système RFID.

Enfin, la conclusion résume l'ensemble de ces travaux, synthétise les différents résultats obtenus et propose différentes perspectives aux travaux menés.

Partie 1

Chapitre 1 : Contexte général du projet

Chapitre 2 : Présentation de la technologie RFID

Chapitre 3 : Etude technique d'un système RFID

Chapitre 1

Contexte général du projet

Introduction

1 Présentation générale de l'Office National des Postes

2 Présentation du centre de Tri Postal

3 Etude de l'existant

4 Cadre du projet

Conclusion

Introduction

Dans le but de localiser, suivre, contrôler et gérer en temps réel les colis postaux, une solution d'identification à distance a été envisagée au sein du centre de Tri de la Poste Tunisienne. Cette solution repose sur l'implémentation d'un système RFID pour la traçabilité des colis. Ces derniers ont été l'objet de notre projet de fin d'études.

Dans ce chapitre, il s'agit de mettre notre travail dans son contexte général. Nous présentons d'abord l'Office National des Postes et le centre de Tri Postal. Ensuite, nous citons les techniques de traçabilité utilisées actuellement par la Poste Tunisienne. Nous finirons ce chapitre par une synthèse sur le cadre du projet.

1 Présentation générale de l'office National des Postes

L'Office National des Postes (ONP) est un établissement public créé en 1998. Il se caractérise par la diversité des services qu'il offre au public et par sa croissance et évolution permanente. Donc, En arrivant à ce niveau, l'ONP n'a cessé de mieux maîtriser ses moyens humains, matériels et financiers et de les orienter vers la mise en place d'une meilleure gestion afin de pouvoir s'adapter aux changements économiques et sociaux au niveau national et 'international. [1]

1.1 Historique

L'Office National des Postes a été créé par décret le 15 Juin 1998. Il a démarré ses activités dans le cadre d'un statut d'entreprise à partir du premier Janvier 1999. La Poste Tunisienne assure conformément au Code de la poste promulgué le 02 Juin 1998 des prestations économiques et sociales importantes. [2]. Ci-dessous, les principales dates historiques de la poste Tunisienne :

15 juin 1998 création de l'Office National des Postes, dénommé « La Poste Tunisienne », sous la forme d'une entreprise publique, à caractère industriel et commercial, dotée de l'autonomie financière et de la personnalité morale (démarrage de son activité le 01 janvier 1999).

Août 2002 : certification assurance qualité ISO 9002 du réseau Rapid-Poste.

2006 Obtention de la certification ISO 9001 pour le réseau Colis Postaux.

05-04-2012 Partenariat entre La Poste Tunisienne et Tunisiana pour la mise en œuvre des services de paiement via mobile. [3]

1.2 La Poste en chiffres

❖ **Indicateurs**

Le tableau suivant présente des chiffres indicatifs concernant le fonctionnement de la Poste Tunisienne en 2011. [4]

Indicateurs	2011
Effectif	9 154
Taux d'encadrement	34,11%
Nombre du courrier ordinaire	106 000 000
Nombre du courrier hybride	24 073 000
Nombre du courrier publicitaire	6 075 000
Nombre d'envois Rapid-Poste (express mail)	1 460 000
Nombre de colis postaux	173 000
Nombre d'épargnants à la Poste	3 364 000
Nombre de mandats électroniques à l'échelle nationale	13 208 000
Nombre d'opérations de transfert électronique d'argent provenant de l'étranger	1 041 550
Montant de virements d'argent via CCP Net (en million de dinars)	2 747
Montant des transferts reçus de l'étranger en Devises (en million de dinars)	870
Nombre d'opérations de paiement sur Internet	737 467

Tableau 1.1 : Chiffres indicateurs sur la Poste Tunisienne en 2011

❖ **Réseau commercial de la Poste Tunisienne**

Le tableau suivant présente le réseau commercial concernant le fonctionnement de la Poste Tunisienne. [5]

Réseau commercial de la poste	
Nombre de bureaux de Poste	1 042
Nombre d'agences Rapid-Poste	36
Nombre d'agences Poste-Colis	29
Nombre de Centres de distribution	63
Nombre de distributeurs automatiques de billets (DAB)	154

Tableau 1.2 : Réseau commercial de la Poste Tunisienne

1.3 Organigramme de l'Office National de la Poste Tunisienne

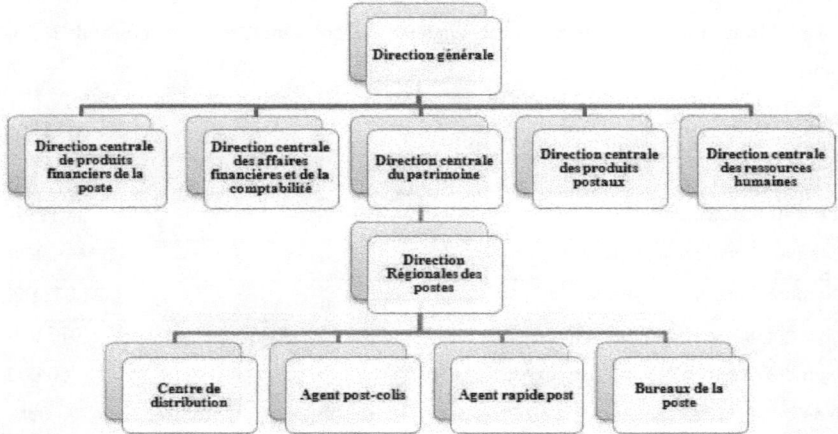

Figure 1.1 : Organigramme de l'Office National de la Poste Tunisienne

1.4 Services offerts par la poste

Aujourd'hui, la Poste Tunisienne offre plusieurs services à sa clientèle dont notamment :

❖ **Le système d'information financier**

Le système d'information financier gère des opérations financières. Il est bâti autour d'un réseau informatique décentralisé d'architecture à trois niveaux (central, régional et local) qui se communiquent à travers des réseaux étendus « Frame Relay » et des réseaux locaux « Token Ring » et « Ethernet ».

❖ **Le système de gestion du courrier postal IPS**

Le système de gestion du courrier postal IPS « International Postal System » permet la gestion, le contrôle et le suivi du courrier à l'échelle nationale et internationale.

❖ **Le système de gestion**

Le système de gestion permet de gérer le budget, la comptabilité et les ressources humaines de la poste. L'architecture de ce système est centralisée et elle est en cours de migration vers une architecture décentralisée à 3 niveaux : site central, direction régionale et bureaux de poste. Elle couvre toutes les régions urbaines et rurales du territoire tunisien à travers un réseau commercial composé d'un grand nombre de bureaux des postes.

2   Présentation du centre de Tri Postal

Le centre de Tri Postal est un centre d'exploitation faisant partie de la direction centrale des produits postaux de l'ONP dont la dénomination commerciale est « La Poste Tunisienne ». En effet, il est un centre de transit qui joue un rôle crucial dans l'activité postale tunisienne et notamment dans le traitement et l'échange du courrier national et international.

Le centre de Tri représente une organisation structurelle composée d'un ensemble de services et de sections interdépendants permettant d'accomplir des tâches et des missions multiples et complémentaires telles que :

- La réception et l'ouverture des dépêches du régime national et international.
- La confection et le transbordement des dépêches nationales et internationales.
- Le traitement manuel et automatique du courrier.
- Le traitement des paquets postes dans le régime national et international.
- Le dépôt et la livraison du courrier ordinaire et enregistré en nombre des entreprises assurées par le service CEDEX (Courrier des Entreprises à Distribution Express).

L'organigramme du centre de Tri Postal est présenté dans la figure 1.2 :

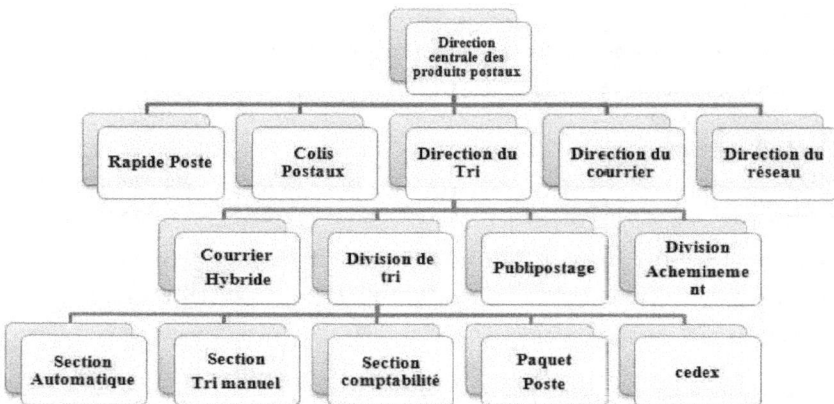

Figure 1.2 : Organigramme du centre de Tri Postal

3   Etude de l'existant

3.1   Traçabilité par code à barres

La Poste Tunisienne utilise actuellement un système de traçabilité du courrier recommandé, des colis postaux et des envois poste-rapide installés dans plusieurs sites sur tout le territoire. Ce système nommé IPS, utilise des étiquettes code à barres pour identifier les objets. Ainsi, il insère chaque événement subit par l'envoi dans une base de données centrale.

Le code à barres est un code binaire représenté par une séquence de barres vides et de barres pleines, larges ou étroites, disposées parallèlement. La séquence peut être interprétée numériquement ou alpha numériquement. Elle est lue par balayage optique au laser, c'est-à-dire d'après la différence de réflexion du rayon laser par les barres noires et les espaces blancs. Il existe actuellement une dizaine de types de codes à barres différents, sans compter les codes barres à deux dimensions. Les trois types de codes les plus utilisés sont : les codes à barres linéaires, bidimensionnels et empilés (figure 1.3).

Figure 1.3 : Formats des codes à barres

L'invention du code à barres, était présentée en tant qu'une solution d'automatisation des opérations de saisie manuelles des identifiants des objets. Cette technologie a été utilisée depuis plus d'une vingtaine d'années et elle a permis une meilleure gestion des données tout en assurant une réduction des coûts de production.

3.1.1   Procédure

L'envoi passe par plusieurs points (centre de Tri, centre de Distribution, bureau de Poste, etc.). Chaque événement de passage doit être marqué : l'opérateur scanne, colis par colis, le code à barres collé. Ce code est concaténé avec d'autres informations comme l'heure, la date, le type d'événement, le code du bureau, etc., qui seront acheminées vers la base de données IPS située au Complexe Postal Tunis Carthage via le réseau de la Poste.

3.1.2   Critique de la technique

Malgré son grand âge, le code à barres conserve des avantages importants comme son coût quasiment nul et sa large diffusion. En revanche, il présente plusieurs inconvénients. Il est fragile, il doit être lu de manière optique et il peut être remplacé par quelqu'un de mal intentionné. De plus, il ne peut pas être modifié à distance, contient peu d'informations et n'a bien sûr aucune capacité de traitement des données.

En outre, la lecture du code à barres sur chaque coli exige la présence d'un agent pour le scanne de chaque code du colis, et ce à chaque étape de la chaine de distribution puis de tri, et ça prend du temps. Par ailleurs, les étiquettes peuvent être endommagées durant les diverses opérations de distribution, du tri et du transport.

Remplacer des codes lisibles optiquement par les mêmes codes portés par des ondes électromagnétiques permet de remédier à ces inconvénients. C'est pourquoi la RFID s'est développée. Cette méthode permet de stocker et de récupérer des données à distance en utilisant des marqueurs appelés « radio-étiquettes » (« RFID tag » ou « RFID transponder » en anglais).

3.2 Système de contrôle mondial par RFID : projet « UPU-GMS »

Depuis le 04 Août 2009, 21 postes ont recours au système de contrôle mondial de l'UPU, qui fait appel à la technologie d'identification par radiofréquence pour mesurer la qualité du service de la poste. Ce système véritablement mondial exploite une technologie RFID à prix raisonnable et accessible à toutes les Postes des pays industrialisés ainsi que les pays en cours de développement.

Dès la première phase du projet « UPU-GMS (Global Monitoring System) », 530 panélistes indépendants de 38 pays envoient 24 000 lettres témoins contenant des étiquettes RFID [6]. Ces lettres témoins circulent par 45 établissements postaux dans le monde entier, et les données recueillies par les signaux lorsqu'elles franchissent le seuil de portes spéciales sont transmises à l'UPU.

L'information servira à cerner les défaillances en matière de service et aidera les postes à améliorer leur efficacité. Elle permet également de mesurer les délais de livraison du courrier dans la chaine postale, d'identifier les tronçons où les délais peuvent être plus brefs et d'aider à prendre les actions nécessaires pour améliorer la qualité des services.

Il est à noter que le système de suivi international installé au sein du centre de Tri Postal Tunis Carthage est vague et inexploré du côté électronique, protocoles, réseaux, etc.

4 Cadre du projet

Notre projet consiste à offrir à la Poste Tunisienne une solution de traçabilité des colis par la technologie RFID. Nous devrons donc assurer la détection des informations concernant le colis circulant dans le territoire Tunisien. Une telle solution permet la vérification à distance et la localisation des colis, ce qui facilitera le contrôle assuré par l'agent de la Poste, accélère le rythme de la procédure de tri et rend la relation entre le colis et l'agent de la Poste plus transparente. Cela exige l'inspection des caractéristiques de la chaine de traitement et le volume de données qui doivent être traitées par le système d'information.

Malheureusement, l'évaluation d'un nouveau scénario pour une entreprise impliquant RFID exige des investissements importants dans le temps, le matériel et l'infrastructure. Cette complexité est également exacerbée par la grande hétérogénéité (en terme de fréquence, la portée, la mémoire, le coût, etc.) de la disposition des étiquettes, des antennes et des lecteurs.

Il est donc évident de trouver comment ces entreprises voudraient émuler, d'une manière rapide et réaliste, un scénario RFID afin d'explorer leurs possibilités avant d'investir dans la technologie.

Ainsi, avoir un outil qui réalise l'émulation rapide des étiquettes et des lecteurs RFID permettras aux entreprises de se concentrer sur la façon dont une telle technologie pourra être intégrée avec le système logiciel existant. Cet outil doit permettre à l'entreprise de produire des nouveaux services et de traiter avec succès la préoccupation des clients en utilisant une architecture logicielle pour aboutir à un « design » approprié. La solution devra être donc convenablement étudiée avant d'acheter le matériel RFID permettant ainsi aux entreprises de réfléchir à leurs options avec un coût minimal.

4.1 Travail demandé

Notre mission pour ce projet consiste, tout d'abord, à faire une étude globale sur la technologie RFID ainsi que la transmission RF entre les constituants du système RFID.

La tache suivante consiste à faire la conception d'une antenne Patch rectangulaire.

Enfin, nous avons à faire la conception et la réalisation d'une solution permettant la suivi des colis et le contrôle de la qualité du service répondant aux besoins de la Poste Tunisienne en termes de :

- Traçabilité, Suivi et sécurité des colis.

- Amélioration de la qualité des services offerts aux clients.

- Amélioration de la vitesse de traitement qui présente un avantage compétitif.

- Traitement des biens de grande valeur qui doivent être protégés.

- Besoin d'informations plus précises sur chaque article qu'un code à barres qui ne peut pas contenir.

- Réduction des interventions humaines par l'automatisation des tâches.

- Savoir à tout moment et en temps réel où se trouvent les produits dans la chaîne de traitement.

Conclusion

Tout au long de ce chapitre, nous avons essayé en premier temps de donner une présentation de l'entreprise postale en donnant un aperçu sur son historique, ses services et ses organigrammes. Dans un second temps, nous avons essayé de faire une étude de l'existant en décrivant la technique de traçabilité par code à barres, ses procédures ainsi que ses inconvénients. Dans un dernier temps, nous avons parlé des objectifs visés et nous avons terminé ce chapitre par une description du travail à faire.

Dans le chapitre suivant, nous présenterons une étude sur la technologie d'identification par radiofréquence RFID.

Chapitre 2

Présentation de la technologie RFID

Introduction

Aujourd'hui, nous avons tendance à ne plus identifier les objets sous forme graphique, comme le code à barres, mais, plutôt sous forme électronique basée sur la technologie radio fréquence. D'où, l'émergence de la technologie RFID qui est caractérisée par la communication sans fil.

Dans ce cadre, le présent chapitre contient une présentation de la technologie RFID. Une grande partie de cette présentation concerne l'historique et les normes de RFID. La partie suivante se rapporte aux avantages et aux domaines d'application de cette technologie. Les différentes composantes du système ainsi que son principe de fonctionnement vont donner une idée plus précise sur cette technologie. Nous finirons ce chapitre par une conclusion.

1   Présentation générale de la technologie RFID

RFID est l'abréviation de « Radio Frequency Identification», traduite en français par «identification par radiofréquence». C'est une technologie d'identification automatique apparue dans les années 1940 mais dont l'émergence est relativement récente. Il s'agit d'une technologie utilisant les ondes radios en tant que moyen permettant l'identification automatique des objets à distance. (SCHULET, PILLOUD-08)

Comme le montre la figure 2.1, la technologie RFID utilise des marqueurs appelés étiquettes, tags, « smart tags » (puces intelligentes) ou encore transpondeurs (transmetteur & répondeur) qui comprennent une puce programmable et une antenne bobinée ou imprimée. Cette technologie permet l'identification à distance des objets ou des personnes grâce à un lecteur qui capte les informations contenues dans la puce via un numéro d'identification unique ou un numéro de lot par exemple.

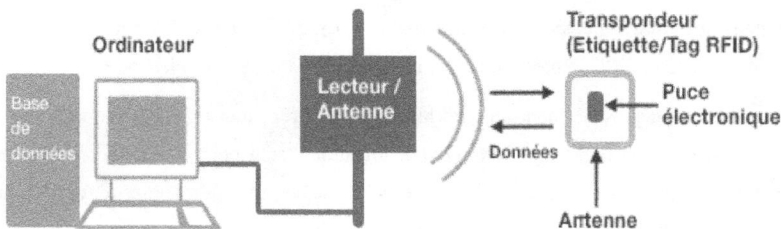

Figure 2.1 : Architecture du système RFID

14

1.1 Historique

Voici les principales dates clefs qui ont vu naître progressivement la technologie RFID (SERIOT-05) :

1940 La notion de la RFID date de la deuxième guerre mondiale. Cette technologie est liée au développement de la radio et du radar. Ainsi, pour savoir si les avions qui arrivaient dans l'espace aérien britannique étaient amis ou ennemis, les alliés plaçaient dans leurs avions des transpondeurs afin de répondre aux interrogations de leurs radars. Ce système IFF (Identify Freind or Foe) fut la première utilisation de la RFID.

1970 Après de nombreuses années d'études, les premiers dispositifs RFID ont été réalisés mais ne fonctionnaient qu'à des gammes de fréquences faibles (inférieures à 135 KHz). Les systèmes RFID étaient alors une technologie confidentielle, à usage militaires pour le contrôle d'accès aux sites sensibles, notamment dans les zones hautement sécurisées telles que le secteur nucléaire.

1980 Dès le début des années 1980, plusieurs sociétés européennes se mettent à fabriquer des tags RFID. L'usage de la RFID est étendu au domaine privé. Une des premières applications commerciales est l'identification du bétail en Europe.

1990 Apparition des UHF (Ultra Hautes Fréquences) correspondant à la gamme de fréquences de 860 à 960 MHz. On assiste également à cette époque à la normalisation pour une interopérabilité des équipements RFID. Les premières normes ISO ont été écrites pour réglementer les protocoles de communication, de gestion anticollision, de sécurisation, etc., en fonction des gammes de fréquences appropriées.

2004 Apparition d'une organisation EPC globale dont le but est de développer un système standard d'identification unique par objet EPC (Electronic Product code), destiné à être intégré dans une étiquette électronique identifiable par radiofréquence. L'étiquette RFID sera le support du système EPC, représentant « le réseau de traçabilité des objets ».

2005 Les technologies RFID sont aujourd'hui largement répandues dans quasiment tous les secteurs industriels (aéronautique, automobile, logistique, transport, santé, vie quotidienne, etc.). L'ISO a largement contribué à la mise en place des normes permettant d'avoir un haut degré d'interopérabilité, voire d'interchangeabilité.

2008 Six milliards d'étiquettes RFID sont en circulation dans le monde entier.

1.2 Normes et standards

La normalisation des protocoles de communication entre tags et lecteurs s'inscrit dans le cadre d'un comité technique commun à l'ISO et à l'IEC (International Electrotechnical Commission) en plus de celle de la norme EPC Global.

Normes ISO/IEC	**ISO**	C'est un réseau d'instituts nationaux de normalisation de 163 pays, selon le principe d'un membre par pays, dont le secrétariat central, assure la coordination d'ensemble. Il s'agit d'un organisme de normalisation internationale responsable de la production des normes internationales dans les domaines industriels et commerciaux. [8]
	IEC	L'IEC a pour objet de favoriser la coopération internationale pour toutes les questions de normalisation dans les domaines de l'électricité et de l'électronique. C'est une organisation qui est composée de représentants de différents organismes nationaux de normalisation, et qui permet d'assurer la qualité des produits et leur interopérabilité en publiant des documents internationaux tels que les rapports et les spécifications techniques. (FRIQUEB-05)
	JTC1	Créé en 1987 par convention entre l'ISO et la IEC, c'est l'organe de référence pour la normalisation des Technologies de l'Information au niveau mondial. Il s'agit de la coopération entre les compétences relatives aux logiciels (ISO), et celles du matériel (IEC). Les normes publiées par le JTC1, sont reconnues par leurs noms commençant par « ISO/IEC ». [9]
Normes EPC Global	**GS1**	C'est une organisation mondiale de normalisation des méthodes de codage, à but non lucratif. Elle est issue de la fusion en 2005 d'EAN International et UCC.
	EPC	EPC global est une sous organisation de GS1, permettant de développer des standards pour l'utilisation de la technologie RFID, afin d'améliorer la gestion des flux physiques et d'informations au sein de l'entreprise et de son environnement. Ceci est assuré par l'association d'un numéro d'identification unique pour les étiquettes : l'EPC.

Tableau 2.3 : Différents organismes de normalisation RFID

Il existe aussi une série de normes pour l'identification par étiquette RFID connue sous le nom ISO/IEC 18000. Le tableau suivant présente les spécifications de chaque norme.

Normes	Spécifications
ISO/IEC 18000-1	Définit les paramètres génériques à normaliser
ISO/IEC 18000-2	Paramètres de communications de l'interface air à moins de 135 KHz
ISO/IEC 18000-3	Paramètres de communications de l'interface air à 13,56 MHz
ISO/IEC 18000-4	Paramètres de communications de l'interface air à 433 MHz
ISO/IEC 18000-5	Paramètres de communications de l'interface air de 860 à 960 MHz
ISO/IEC 18000-6	Paramètres de communications de l'interface air à 2,45 GHz

Tableau 2.2 : Spécifications des normes ISO/IEC 18000

1.3 L'apport de la technologie RFID

La technologie RFID a été développée en tant qu'une solution permettant de satisfaire les nouvelles attentes d'un système d'identification automatique qui devra, selon les nouveaux besoins, assurer la lecture d'une plus grande quantité d'information dans une durée plus réduite. Ci dessous une liste de quelques avantages de la technologie RFID comparée aux codes à barres:

- La technologie RFID permet le stockage d'une plus grande quantité d'informations, ce qui permet l'identification de manière unique de chacun des produits, contrairement à la technologie des codes à barres qui se limite à l'identification d'une catégorie de produits.

- La technologie des codes à barres, en tant que technologie basée sur la lecture optique, impose généralement l'intervention humaine pour placer le code en face du scanner, alors qu'en utilisant la technologie radio, il suffit aux étiquettes d'être dans la zone de couverture des lecteurs RFID pour que leur contenu puisse être lu, et indépendamment de leur orientation.

- A l'opposé des codes à barres, la technologie RFID permet une lecture simultanée d'un ensemble d'étiquettes RFID, et offre la possibilité de modifier des informations contenues dans certains types d'étiquettes.

- Contrairement aux codes à barres, les étiquettes RFID peuvent être lues sans qu'elles soient en visibilité directe pour le lecteur, elles peuvent être incorporées dans l'objet.

17

1.4 Domaines d'application

Les domaines d'application utilisant la technologie RFID sont très variés :

❖ **Domaine commercial :** accélération des paiements aux points de vente grâce à la détection automatique des articles, identification et suivi des vêtements, suivi des produits en stock et en distribution, etc.

❖ **Domaine industriel:** identification des produits palettisés, suivi de la chaine de froid des produits alimentaires, suivi des bagages dans le transport aérien, etc.

❖ **Domaine de sécurité :** contrôle d'accès aux zones réservées, lutte contre le vol, gestion du personnel, etc.

❖ **Loisirs :** gestion du temps des coureurs, contrôle de validation des passagers dans les stations de ski, identification des balles de golf perdues, etc.

❖ **Domaine médical :** vérification des médicaments à administre aux patients, gestion de collectes des déchets médicaux jusqu'à l'incinération, tatouages électroniques pour les animaux, etc.

2 Principe de fonctionnement et constitution d'un système RFID

2.1 Principe de fonctionnement

Dans une application d'identification automatique RFID, le lecteur envoie une onde électromagnétique en direction de l'objet à identifier. En retour, il reçoit les données renvoyées par le tag. Ainsi, lorsque les étiquettes sont « éveillées » par le lecteur, un dialogue s'établit entre ces deux entités.

De ce fait, le lecteur agit généralement en maître par rapport au tag. De plus, il sera relié à un ordinateur pour pouvoir récupérer les informations à traiter selon l'application souhaitée. D'où, un lecteur RFID représente une interface pour la gestion d'identification des objets d'un côté, et le système global relatif à l'application d'un autre côté.

2.2 Les composantes d'un système RFID

L'aspect matériel du système RFID comporte les étiquettes et les lecteurs RFID ainsi que la partie logicielle : le middleware RFID.

2.2.1   Etiquette RFID

L'étiquette RFID est le dispositif à placer dans l'objet qu'on désire identifier. Elle se présente sous la forme d'étiquette autoadhésive qui peut être collée ou incorporée dans des produits ou sous la forme de « capsule » microscopique qui peut être implantée dans des organismes vivants (animaux, corps humain). (Figure 2.2)

Figure 2.2 : Exemples des étiquettes RFID

L'étiquette RFID est nommée aussi « transpondeur » (transmitter/responder), vu que sa fonctionnalité principale est de répondre aux demandes reçues par le lecteur. Ces puces électroniques contiennent un identifiant de type EPC. C'est un identifiant unique permettant d'identifier un objet dans une chaîne de production. A la différence des codes barres, les tags RFID ne nécessitent pas que le lecteur soit proche du produit pour que l'identification s'opère.

❖ **Classement des étiquettes selon leurs sources d'énergie**

Selon la source d'énergie, on distingue trois types d' étiquettes : les étiquettes passives, les étiquettes actives et les étiquettes semi-passive (semi-active).

Type d'étiquette	Principe de fonctionnement	Spécificités techniques
Etiquette passive	-Elle fonctionne en lecture seule. -Elle n'est pas munie d'une source d'énergie interne, elle s'alimente par le signal envoyé par le lecteur. - L'étiquette ne devient active qu'en cas de passage du lecteur qui l'alimente par le champ électromagnétique qu'il génère.	-Elle est programmée avec des données non modifiables, -Elle a une capacité de 32 à 128 bits. -Elle est bon marché et elle a une durée de vie illimitée.

Etiquette active	-Elle fonctionne en lecture et en écriture. -Elle est alimentée par une source d'énergie interne. -Elle peut être lue depuis de longues distances par rapport aux antennes.	-La présence d'une batterie permet l'écriture des données, avec une mémoire allant jusqu'à 10 Kbits. -Elle est fournie vierge et elle pourra être écrite plusieurs fois, effacée, modifiée et lue. -Elle ne dépasse pas 10 ans d'âge.
Etiquette semi active	-Elle fonctionne en lecture et en écriture. -Elle agit comme une étiquette passive au niveau de la communication, sa batterie lui permet d'enregistrer des données lors du transport.	-Elle est munie de sa propre source d'énergie, mais, elle n'utilise pas sa batterie pour émettre des signaux.

Tableau 2.3 : Classement des étiquettes RFID

❖ **Classement des étiquettes selon leurs fonctionnalités**

Une étiquette peut être soit à lecture seule, soit à lecture-écriture.

• **Lecture seule :** l'étiquette possède un contenu qui est non modifiable, il s'agit d'information statique, gravée lors de la programmation initiale du tag.

• **Lecture-écriture :** les informations que contient l'étiquette peuvent être mises à jour, tant qu'il y en a le besoin.

2.2.2 Lecteur RFID

Le rôle du lecteur de l'étiquette RFID consiste à extraire, à traiter et à envoyer les données stockées sur l'étiquette. Ainsi, il contient une antenne intégrée ou séparée pour pouvoir communiquer avec l'étiquette. La figure 2.3 représente un exemple des lecteurs RFID.

Figure 2.3 : Lecteur de l'étiquette RFID

En effet, le lecteur RFID assure la communication avec les différentes étiquettes, tout en offrant un ensemble de services tels que le filtrage et l'anticollision. Cette dernière a la possibilité pour un lecteur de dialoguer avec un marqueur lorsque plus qu'un marqueur se trouve dans son champ de détection. [10]

2.2.3 Choix de la fréquence

Le choix de la fréquence est un élément clé associé au choix des spécifications de la technologie à utiliser : couplage inductif ou radiatif, étiquette active ou passive. Ce choix est dicté essentiellement par les exigences fonctionnelles et les données géométriques du problème (distance notamment). D'autres facteurs techniques doivent, cependant, être tenus en compte, en particulier les problèmes de propagation.

Les systèmes RFID génèrent et réfléchissent des ondes électromagnétiques. Ils doivent notamment veiller à ne pas perturber le fonctionnement des autres systèmes radio. On ne peut, en principe, utiliser que les plages de fréquences spécifiquement réservées aux applications industrielles, scientifiques ou médicales. Ces plages de fréquences sont appelées ISM (Industriel Scientifique Medical) et elles peuvent être utilisées, selon un ensemble de paramètres tels que les contraintes d'utilisation, et le type d'environnement [11].

Les principales plages de fréquences utilisées sont:

Classification dans le spectre des fréquences	Fréquences les plus utilisées	Type de couplage	Type d'étiquettes
LF	125-134.4 KHz	Inductif	Passives
HF	13.56 MHz	Inductif	Passives
UHF	860-960 MHz	Radiatif	Passives/Actives
UHF	2.45 GHz	Radiatif	Actives
SHF	5.8-5.9 GHz	Radiatif	Actives

Tableau 2.4 : Principales fréquences utilisées en RFID

Une fréquence plus élevée présente l'avantage de permettre un échange d'informations, entre lecteur et marqueur, à des débits plus importants qu'en basse fréquence. Ainsi, Les débits importants permettent l'implémentation de nouvelles fonctionnalités au sein des étiquettes telles qu'une distance et une vitesse de lecture plus importante, mémoire plus importante, anticollision.

2.2.4 Middleware RFID

Le terme «middleware», est l'association des deux mots : «middle» et « software », traduit en français par «intergiciel» (logiciel intermédiaire). Le middleware RFID constitue le point central dans l'implémentation d'un système RFID. En effet, il présente une interface (couche) intermédiaire entre le matériel et les applications clientes. Il permet ainsi, la manipulation des données reçues par les lecteurs pour les rendre exploitables par les applications clientes.

En outre, le middleware offre une meilleure flexibilité d'utilisation, par le service de contrôle et d'administration, de gestion des données (validation, stockage, diffusion, etc.), et de gestion des lecteurs (activation, désactivation…). [12]

Ainsi, l'acquisition d'un middleware dédié aux RFID permet aux entreprises de profiter le mieux des apports de cette technologie. De ce fait, un ensemble de middleware RFID a été développé afin de satisfaire ce besoin.

Conclusion

Les progrès dans le domaine des télécommunications et de l'électronique ont permis de donner corps à une idée assez ancienne : celle de l'identification à distance par radiofréquence ou RFID. Fusionnant ainsi le classique code à barre avec les nouvelles technologies des télécommunications, les étiquettes RFID offrent la possibilité d'identifier les objets les plus variés aussi bien que les animaux et les être humains. Tout au long de ce chapitre, nous avons donc essayé de présenter la technologie RFID ainsi que ses différents aspects.

Le chapitre suivant sera dédié pour l'étude technique de cette technologie.

Chapitre 3

Etude technique d'un système RFID

Introduction

Peu de personnes savent ce qui se cache derrière cette curieuse abréviation « RFID ». Ainsi, dans ce chapitre nous faisons une étude technique de la transmission RF du système RFID. Pour ce faire, nous décrirons les constituants d'un système RFID tout en expliquant les protocoles de communication.

1 Description des interfaces internes des composantes d'un système RFID

1.1 Constitution d'un transpondeur

Un transpondeur est principalement constitué d'un circuit électronique et d'une antenne. En effet, les modules fonctionnels qui constituent le circuit électronique sont : une interface radiofréquence, une partie logique et une mémoire. Le schéma 3.1 illustre les trois modules fonctionnels qui composent un transpondeur.

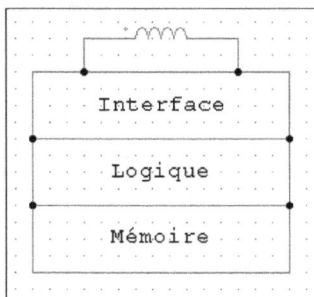

Figure 3.1 : Interface d'une étiquette

Comme le montre la figure 3.2, l'interface radio fréquence (interface sans contact) assure l'alimentation de la partie logique (contrôle d'accès) et de la mémoire. En effet, le type de mémoire définit les modes de lecture et d'écriture possibles (lecture unique, écriture unique ou lecture/écriture). Mais, généralement, le type EEPROM (Electrically Erasable Programmable Read Only Memory) est couramment utilisé. Il a la particularité d'être effaçable et programmable. En outre, une telle mémoire permet jusqu'à 500.000 réécritures. [18]

24

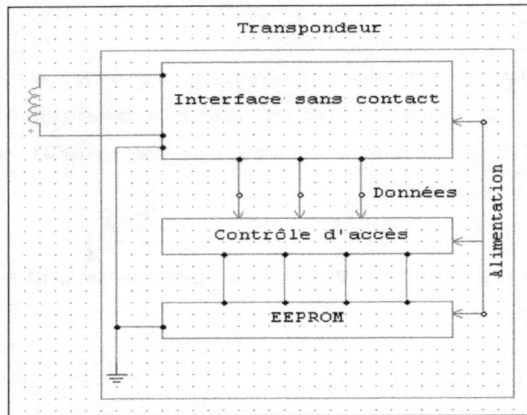

Figure 3.2 : Interface interne d'une étiquette

1.2 Constitution d'une station de base

La transmission RF au niveau de la station de base se produit par les modules fonctionnels qu'elle intègre et qui sont principalement : un module RF et une antenne comme le montre la figure 3.3 :

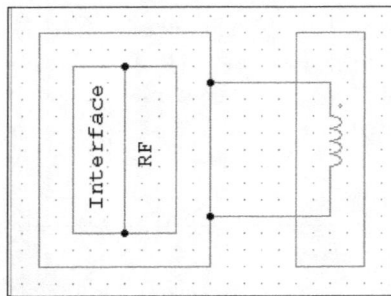

Figure 3.3 : Interface d'une station de base

La figure 3.4 montre que le module RF est constitué d'outils de codage et de décodage pour convertir les données binaires en signaux RF, et vice versa, et par des outils de modulation et démodulation pour transmettre le message grâce à une porteuse RF. Cela donne un premier aperçu sur le fonctionnement de la communication en RFID que nous détaillerons plus tard.

Il est à noter que la station de base intègre également tous les circuits de gestion du protocole de communication (comprenant les mécanismes d'anticollision, d'authentification et de cryptographie s'ils existent). [13]

25

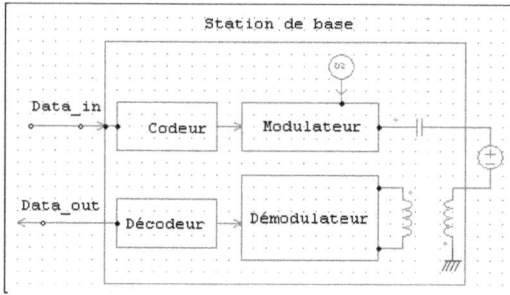

Figure 3.4 : Interface interne d'une station de base

1.3 Les antennes dans la technologie RFID

1.3.1 Généralités sur les antennes

Une antenne est un élément indispensable pour la transmission RF. En effet, elle assure la transformation d'une puissance électrique en une onde électromagnétique et réciproquement. Cette transmission varie suivant la fréquence de fonctionnement et donc suivant le type d'application, cela exige l'existence de plusieurs formes et tailles des antennes.

Ainsi, pour choisir un modèle d'antenne, pour une application donnée, il faut veiller aux principaux points suivants : Directivité, gain, impédance, puissance, fréquence de travail etc.

Caractéristiques de l'antenne	Définition	Equations
Rendement	le rapport entre la puissance totale rayonnée par une antenne et la puissance qui lui est fournie	$P_R = \eta . P_a$ (1)
Directivité	le rapport entre la puissance rayonnée dans une direction donnée P (θ, φ) et la puissance que rayonnerait une antenne isotrope	$D(\theta, \varphi) = 4\pi \frac{P(\theta,\varphi)}{Pa}$ (2)
Gain	le rapport entre la puissance rayonnée dans une direction donnée P (θ, φ) sur la puissance que rayonnerait une antenne isotrope sans pertes. Il correspond aussi au gain dans la direction de rayonnement maximal (θ_0, φ_0). Plus le gain d'une antenne est grand, plus	$G(\theta, \varphi) = 4\pi \frac{P(\theta,\varphi)}{P}$ $= \eta . D(\theta, \varphi)$ (3) $G = 4\pi \frac{P(\theta 0,\varphi 0)}{Pa}$ (4)

	l'angle d'ouverture du lobe principal est faible. La relation entre le gain G et les angles d'ouvertures dans les plans E et H est donnée par l'équation (5)	$G \approx \dfrac{25000}{(2\theta^3)_E(2\theta^3)_H}$ (5)
Impédance d'entrée	Une antenne est reliée à la source par une ligne de transmission d'impédance caractéristique Z_C. Pour assurer un transfert maximal de puissance entre l'alimentation et l'antenne, il est nécessaire d'assurer une adaptation d'impédance. L'adaptation permet d'annuler le coefficient de réflexion S_{11} à l'entrée de l'antenne.	$Z = \dfrac{V}{I} = R + j.X$ (6)
Bande passante	correspond à la bande de fréquence où le transfert d'énergie de l'alimentation vers l'antenne ou de l'antenne vers le récepteur est maximal. A l'intérieur de la bande passante, le coefficient de réflexion est faible. Pour optimiser la bande passante, on peut agir directement sur l'antenne afin de modifier son impédance, ou ajouter un élément d'adaptation.	

Tableau 3.1 : Caractéristiques des antennes

1.3.2 Les antennes RFID

Dans un système RFID, les antennes peuvent être divisées en deux parties : antenne pour l'étiquette et antenne pour le lecteur, dont la conception se concentre sur ces bandes de fréquences : LF, HF et UHF. En effet, la bande de fréquence spécifie le type du couplage utilisé pour l'identification.

Ainsi, on distingue deux types de couplage : le couplage inductif (magnétique) et le couplage radiatif (électrique ou électromagnétique) ;

❖ **Couplage inductif**

Dans ce cas, il n'y a ni rayonnement ni transmission d'onde et l'antenne de ce système est assimilée à une bobine. En effet, cette méthode fonctionne selon le même principe que le transformateur : La bobine d'émission induit un courant dans la bobine de réception de l'étiquette. C'est une méthode qui est utilisée sur de courtes distances (un mètre au maximum - near field). Dans les applications, il s'agit souvent d'une distance qui ne dépasse pas 10 cm, au moyen de la bande de fréquence LF et HF.

❖ **Couplage radiatif**

Ce type de couplage est utilisé pour la transmission, sans contact, à grande distance. En effet, il caractérise les systèmes RFID qui utilisent généralement des transpondeurs passifs dont l'élément permettant la communication de l'étiquette avec le lecteur est un ensemble constitué de plusieurs spires métalliques permettant de produire l'énergie nécessaire à l'alimentation de l'électronique embarquée de la puce. (HUAULT, 05-06)

Le tableau suivant contient une récapitulation des caractéristiques des antennes des lecteurs et des étiquettes RFID.

Lecteur	Etiquette
- Transmission de l'énergie nécessaire pour réveiller ou activer le tag.	- Antenne de faible taille avec un rayonnement omnidirectionnel.
- Réception des informations provenant de l'étiquette.	- L'impédance de la puce de l'étiquette inférieure ou égale à 50 Ω.
- Polarisation circulaire pour éviter les pertes à cause de la distribution aléatoire des différentes étiquettes.	- Réception de l'onde provenant du lecteur pour pouvoir alimenter l'étiquette.
	- Emission des informations stockées dans l'étiquette.
	- Pour une fabrication de masse, le coût doit être faible

Tableau 3.2 : Caractéristiques des antennes d'un système RFID

Il existe plusieurs types d'antennes telles que les antennes à boucle carrée, les antennes spirales, les antennes double spirale, les antennes patch, etc. Parmi les différents types des antennes citées, l'antenne patch est la plus facile à saisir pour la compréhension des mécanismes de rayonnement des antennes microstrip. De plus, elle présente notamment un encombrement réduit et un faible coût de fabrication. Ainsi, en raison des nombreux avantages que présente ce type d'antenne par rapport aux antennes micro-ondes classiques, nous l'avons choisi pour faire sa conception.

1.3.3 Antenne patch

Une antenne patch est constituée d'un élément métallique de forme quelconque (rectangulaire, circulaire, à fente, ou formes plus élaborées) déposé sur la surface supérieur d'un substrat diélectrique dont la surface inférieure représente un plan conducteur appelé : plan de masse. Ainsi, une antenne patch rectangulaire peut être considérée comme une ligne de transmission ouverte à ses deux extrémités ou comme une cavité formée par le patch et le plan de masse. Sa structure et son rayonnement sont illustrés dans le tableau ci-dessous.

Structure de l'antenne patch	 W = largeur (width) L = longueur (length) H = épaisseur du substrat (Height)
Rayonnement de l'antenne patch	
Influence des paramètres géométriques sur l'antenne	**- Largeur du patch W :** La largeur du patch a un effet mineur sur les fréquences de résonnance et sur le diagramme de rayonnement de l'antenne. Par contre, elle joue un rôle pour l'impédance d'entrée de l'antenne et la bande passante à ses résonances. Pour les valeurs $C=3*10^8$ ms^{-1}, f_0=2.45 GHz, ε_r=4.32 et en utilisant l'équation (8), on a trouvé w=37.539 mm. **- Longueur du patch L :** La longueur du patch détermine les fréquences de résonnance. Afin de calculer la largeur du patch, il est nécessaire de calculer la constante diélectrique effective. En utilisant les équations (10) et (13), on a trouvé L=30.574 mm et ε_e=4.01.

Tableau 3.3 : Structure et rayonnement de l'antenne patch

❖ **Dimensionnement de l'antenne patch**

Connaissant les propriétés du substrat, son épaisseur et la fréquence centrale de l'antenne, la détermination des dimensions géométriques du patch est assurée en utilisant les équations suivantes:

- Contrainte sur l'épaisseur du substrat (pour conserver l'effet de cavité) :

$$h \leq \frac{c}{4f\sqrt{\varepsilon r - 1}} \quad (7)$$

- Calcul de la largeur du patch : $w = \frac{\lambda}{2}\sqrt{\frac{2}{1+\varepsilon r}}$; avec $\lambda_0 = \frac{c}{f}$ (8)

- Calcul de l'extension de la longueur du patch $\Delta L = 0.412h \frac{\varepsilon e + 0.3}{\varepsilon e - 0.258} + \frac{\frac{w}{h} + 0.264}{\frac{w}{h} + 0.8}$ (9)

  Avec $0.005\frac{\lambda e}{2} \leq \Delta L \leq 0.01\frac{\lambda e}{2}$ représente l'effet des bords rayonnants

- Calcul de la longueur du patch : $L = \frac{\lambda e}{2} - 2\Delta$ (10)

- Calcul de la longueur effective du patch : $L_e = \frac{\lambda e}{2} = L_{patch} + 2.\Delta L$ (11)

- Calcul de la longueur d'onde effective : $\lambda_e = \frac{c}{f\sqrt{\varepsilon e}}$ (12)

- Calcul du constant diélectrique effectif

$$\varepsilon_e = \frac{\varepsilon r + 1}{2} + \frac{\varepsilon r - 1}{2} * (1 + \frac{12h}{w})^{-0.5} \quad (13)$$

2 Protocole de communication entre étiquette et lecteur

Lorsque les étiquettes sont «éveillées» par le lecteur, un dialogue s'établit selon un protocole de communications prédéfinies, et les données sont échangées. Ainsi, la détection peut s'effectuer selon différents principes:

❖ **RTF (Reader Talks First)**

Dans ce principe, l'étiquette attend un message du lecteur avant d'exécuter une action. Ainsi, elle ne réagira pas avant de recevoir une requête.

❖ **TTF (Tag Talks First)**

Dans ce principe, l'étiquette émettra des signaux à partir du moment où elle a de l'énergie. Elle sera ainsi plus vite reconnue dans la zone active du lecteur RFID.

Le transfert de données s'effectue également selon divers modes de communication:

❖ **FDX (Full Duplex Communication)**

L'étiquette est constamment alimentée en énergie par le lecteur. La communication entre l'étiquette et le lecteur est simultanée.

❖ **HDX (Half Duplex Communication)**

L'étiquette est constamment alimentée en énergie par le lecteur. La communication entre l'étiquette et le lecteur est alternative.

❖ **SEQ (Sequential Communication)**

L'étiquette n'est alimentée en énergie que lorsque le lecteur RFID émet spécifiquement vers elle. Ici aussi, la communication est alternative. (IHK-info-11)

La transmission RF dans un système RFID est bidirectionnelle. Ainsi, la communication du lecteur vers le transpondeur est nommée liaison montante alors que la réponse du transpondeur vers le lecteur est appelée liaison descendante. Le protocole de communication entre le lecteur et le transpondeur est constitué de trois phases :

❖ **Phase d'activation du transpondeur**

Le lecteur envoie une onde électromagnétique vers le transpondeur afin de lui permettre la récupération de l'énergie nécessaire pour son fonctionnement et pour se mettre en état d'attente des instructions provenant du lecteur.

❖ **Phase d'envoi des instructions**

Il s'agit d'une transmission numérique sur porteuse qui assure ce dialogue. Les opérations d'envoi des instructions et l'alimentation du transpondeur doivent se dérouler parallèlement par le lecteur. D'où la nécessité d'une mise en forme du signal envoyé par le lecteur pour assurer ces deux opérations. Cette mise en forme est basée sur le choix du codage de l'information, de la technique de modulation et du temps de transmission.

Le type de codage et de modulation varie en fonction du sens de communication selon la liaison montante ou descendante comme le montre le tableau suivant :

	Liaison montante	Liaison descendante
Type de codage	Codage NRZ (No Return to Zero) ou le Delay Mode (plus couramment appelé code de Miller)	Codages Manchester ou Manchester différentiel
Types de modulation	-ASK (Amplitude Shift Keying) ou MDA (modulation par déplacement d'amplitude). -FSK (Fréquency Shift Keying) ou MDF (modulation par déplacement de fréquence)	OOK (On Off Keying) ou modulation tout ou rien par déplacement d'amplitude).

Tableau 3.4 : Type de codage et de modulation en fonction de la liaison

❖ **Phase de lecture**

Cette phase est caractérisée par la réception d'une réponse du transpondeur. Ce dernier se met en mode rétro-modulation, dés qu'il reçoit des instructions du lecteur. Ce mode constitue le point le plus critique de la conception du système RFID.

La figure 3.5 montre le couplage du circuit du lecteur avec celui du transpondeur. En fait, ce couplage est assimilé au circuit primaire et secondaire d'un transformateur ayant un facteur électromagnétique K.

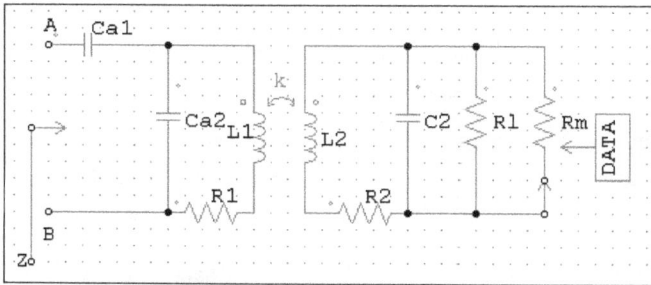

Figure 3.5 : Schéma électrique équivalent du lecteur couplé avec le transpondeur

En effet, les antennes sont représentées par les inductances en série avec les résistances (L_1, R_1) pour le lecteur et (L_2, R_2) pour l'étiquette. Les condensateurs C_{a1} et C_{a2} représentent l'adaptation d'impédance de l'antenne. En outre, Le circuit du transpondeur est modélisé par des composantes à impédance variable traduisant l'activité de la puce et une résistance R_m de modulation.

32

Dans le cas où le transpondeur est loin du lecteur, les circuits électroniques de chacun des appareils est adapté à son antenne. Ainsi, l'introduction de l'étiquette dans le champ magnétique de la station de base va être vue comme une désadaptation d'impédance du lecteur, ce qui permet de détecter sa présence.

La rétro-modulation s'effectue alors en ouvrant et en fermant l'interrupteur DATA, du circuit ci-dessus, par la modulation introduite par les données à envoyer, ce qui va alors faire basculer l'impédance de charge du transpondeur de R_1 à R_m.

Il est à noter que le lecteur et le transpondeur possèdent des outils de démodulation, inclus dans leurs interfaces sans contact, ce qui leur permet de réagir aux signaux reçus et de se faire comprendre.

3   Conception d'une antenne patch rectangulaire

La phase de conception d'une antenne est une étape incontournable dans le but de gagner du temps et d'optimiser les structures des antennes aux paramètres désirés.

Ainsi, cette partie est dédiée pour faire la conception d'une antenne patch rectangulaire optimisée à 2.45 GHz. Pour ce faire, nous avons recours au simulateur ADS.

En effet, ADS est l'abréviation de « Advanced Design System ». Ce simulateur est le leader mondial des logiciels d'automatisation et de conception électronique pour les RF, micro-ondes et les applications numériques à haute vitesse. Les promoteurs du logiciel ADS ont réussi à développer une interface puissante et facile à utiliser. ADS permet ainsi la conception et la simulation en 3D des circuits électromagnétiques.

Ce logiciel de simulation électromagnétique est donc utilisé pour générer des circuits sous Momentum et faire les simulations électromagnétiques. Il permet, également, aux utilisateurs de faire une résolution rigoureuse des équations d'électromagnétisme.

3.1   Simulation et optimisation de l'antenne : Description des différentes étapes

Notre projet est basé sur une simulation de structure rayonnante à la fréquence 2.45 GHz à l'aide du simulateur électromagnétique ADS Momentum.

La technique de simulation utilisée est basée sur la méthode des Momentum. Ainsi, afin de pouvoir modéliser le fonctionnement de l'antenne, nous avons procédé par la méthode suivante pour représenter de façon informatique notre antenne à l'aide de l'outil Momentum :

33

❖ **Création du substrat**

Cette étape consiste à définir les différentes couches de substrats diélectriques et de métallisation. Le substrat utilisé est de type RO4003C, de permittivité relative ε_r = 3.4 et d'épaisseur h = 1.6 mm. Les pertes du substrat sont caractérisées par tan θ = 0.002.

❖ **Création de l'élément rayonnant**

L'antenne patch conçue possède une longueur de 34 mm et une largeur de 30 mm, avec une impédance caractéristique de 50 Ω.

❖ **Création de la ligne micro ruban**

Cette étape consiste à tracer une ligne micro ruban pour l'alimentation de l'antenne patch rectangulaire. La largeur de la ligne micro ruban est de 3.5 mm et sa longueur est de 31 mm.

❖ **Ajout du port d'excitation**

Une fois que l'élaboration de la structure de l'antenne est finie, nous avons recours à la mise en place des excitations. Ainsi, nous avons utilisé un port discret adapté aux structures qui nécessitent des sources d'alimentation discrète telle que la puce électronique. C'est ainsi qu'un port sera placé à l'extrémité de la ligne micro ruban et qu'une flèche pointant dans la direction de l'orifice apparaît. Le résultat obtenu est représenté dans la figure 3.6 :

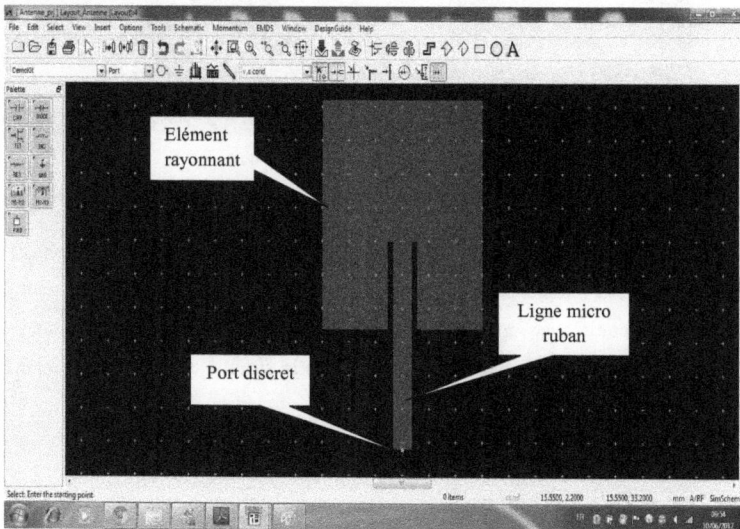

Figure 3.6 : Conception de l'antenne patch rectangulaire

❖ **Maillage de la structure**

Cette étape consiste à fixer le degré de précision des calculs, ce qui influera sur la durée de la simulation. Afin de bien modéliser les effets de bord, on affine le maillage sur les bords : augmenter le nombre des cellules de maillage.

On a choisi 3 GHz pour la fréquence de maillage et 30 pour le nombre des cellules/longueur d'onde. On a obtenu ainsi la figure 3.7 :

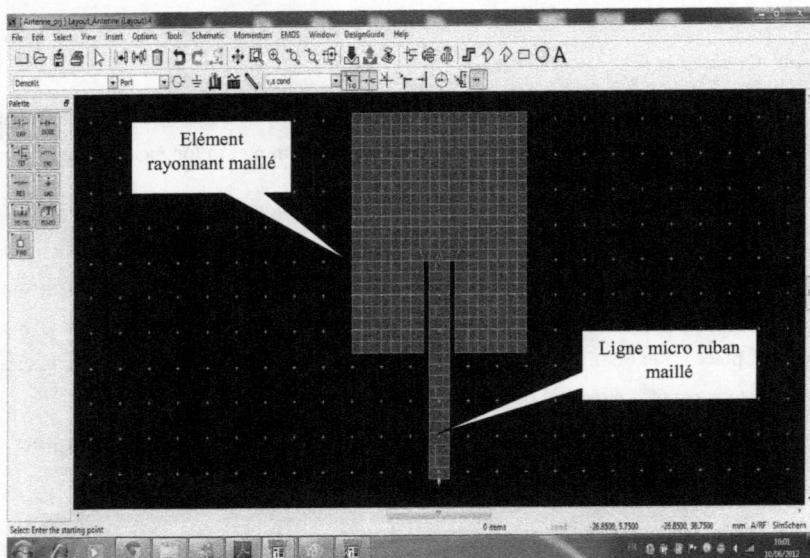

Figure 3.7 : Étape de maillage de l'antenne Patch

❖ **Simulations**

Cette étape consiste à définir les fréquences extrêmes de la simulation : la bande fréquentielle qui nous intéresse est la bande comprise entre 1 GHz et 3GHz avec un pas de 0.1 GHz de type adaptatif avec une échelle de 201 points. Ainsi, la simulation de la structure commence et on est capable de suivre le progrès de la simulation dans la fenêtre Momentum comme indiqué dans la figure 3.8 :

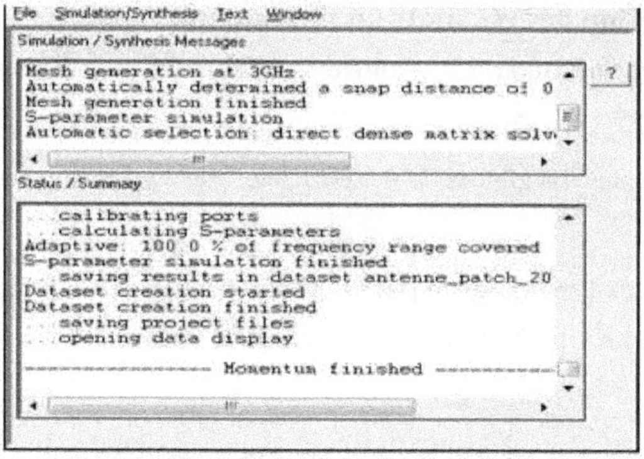

Figure 3.8 : Étape de simulation sous Momentum

3.2 Présentation des résultats

Une fois la simulation est achevée, la fenêtre d'affichage s'ouvre et on obtient les paramètres S_{11} (figure 3.9) :

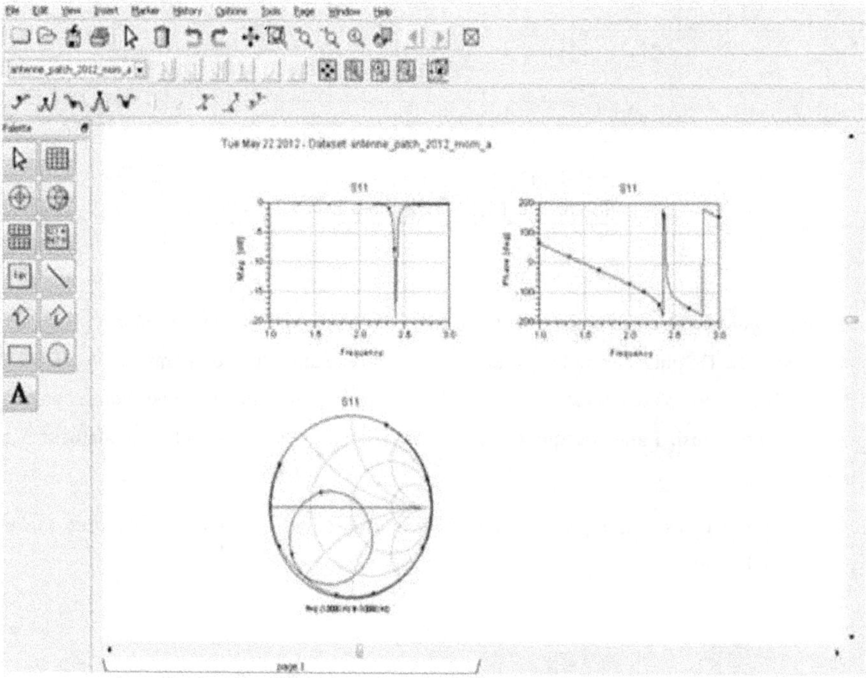

Figure 3.9 : Présentation des résultats

36

3.3 Visualisation des résultats de simulations

❖ **Caractéristique interne de l'antenne : Coefficient de réflexion S_{11}**

Le coefficient S_{11} traduit la proportion réfléchie par l'antenne comparativement à l'onde incidente. Ainsi, plus l'amplitude de S_{11} est faible, plus l'antenne reçoit d'énergie susceptible d'être rayonnée.

La simulation de l'amplitude du paramètre de réflexion S_{11} en fonction de la fréquence est donnée par la figure 3.10. Cette simulation permet de visualiser la fréquence de résonnance de l'antenne.

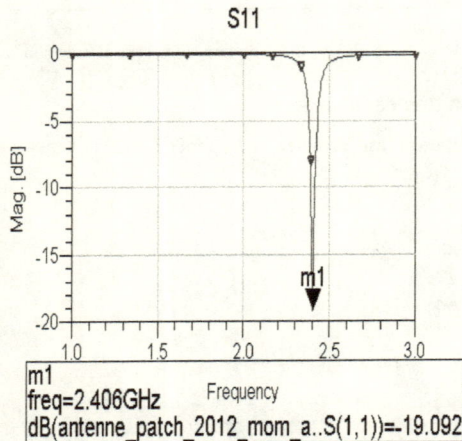

Figure 3.10 : Paramètre S11 en fonction de l'amplitude

Cette figure montre que notre modèle simulé à l'aide du logiciel ADS résonne à la fréquence de 2.406 GHz. De plus, à cette fréquence, nous avons une amplitude du paramètre S_{11}= -19.092 dB. Cette valeur obtenue est inférieure à -10 dB, ce qui montre une bonne précision d'adaptation. Ainsi, l'antenne qui en résulte est adaptée et elle répond généralement à nos attentes.

La figure 3.11 est une représentation pôlaire du coefficient complexe S_{11} (partie réelle et partie imaginaire).

37

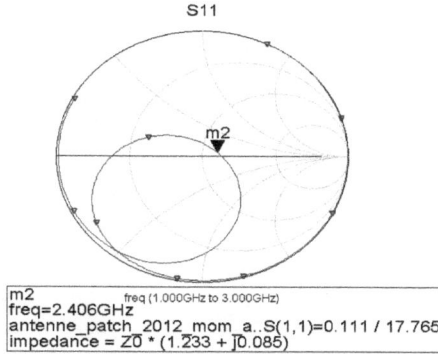

S11

m2

m2   freq (1.000GHz to 3.000GHz)
freq=2.406GHz
antenne_patch_2012_mom_a..S(1,1)=0.111 / 17.765
impedance = Z0 * (1.233 + j0.085)

Figure 3.11 : Impédance complexe de l'antenne adaptée

Comme l'impédance caractéristique de l'antenne patch conçue est Z_0= 50Ω, l'impédance complexe de l'antenne à la fréquence de résonnance devient égale à : Z^*= 61.65+ j4.25, qui correspond à ((1.233*50) + j (0.085*50)).

Cette figure confirme aussi l'adaptation de l'antenne conçue.

❖ **Caractéristiques externes de l'antenne : directivité, gain et diagramme de rayonnement**

La visualisation sous Momentum de l'animation de l'antenne a donné la figure 3.12 :

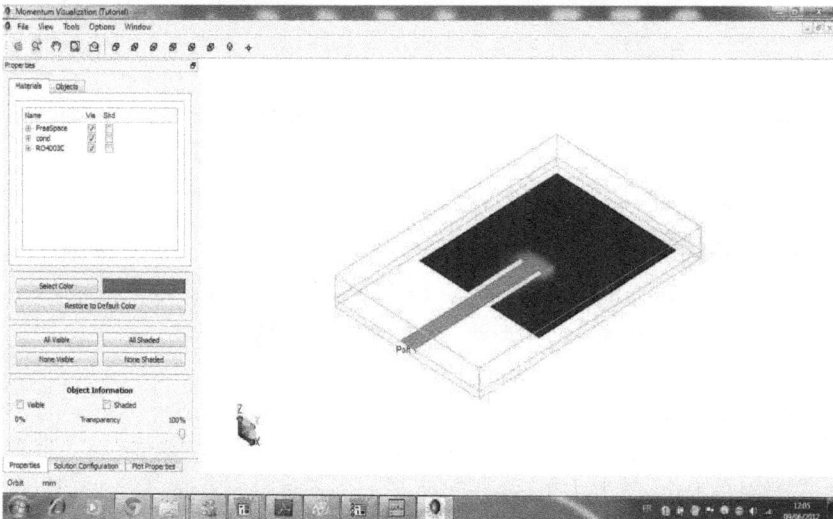

Figure 3.12 : Visualisation de l'animation de l'antenne

Les paramètres externes de l'antenne sont des caractéristiques accessibles du côté de l'environnement et sont fonction des angles d'élévation (θ) et d'azimut (φ).

Le diagramme de rayonnement simulé sous ADS de l'antenne patch est représenté dans la figure 3.13 :

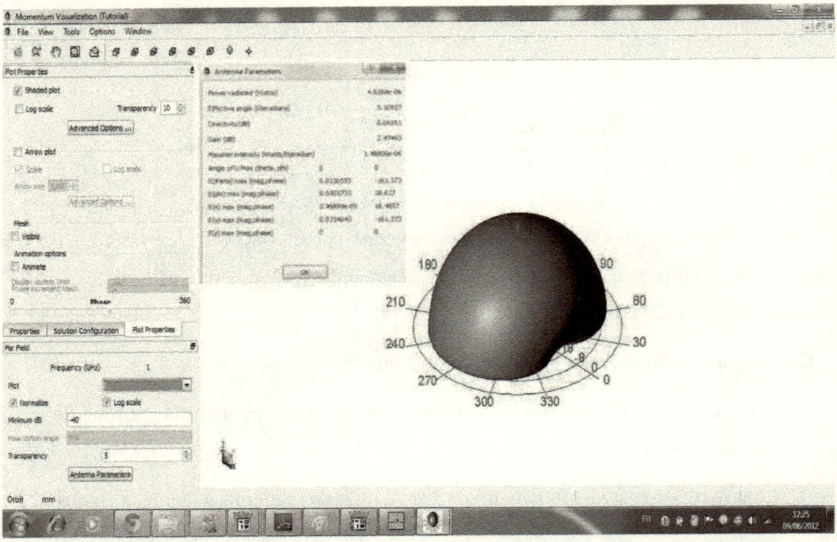

Figure 3.13 : Diagramme de rayonnement de l'antenne Patch obtenu avec ADS

Cette figure représente la variation de la puissance rayonnée de l'antenne dans les différentes directions de l'espace.

L'antenne conçue possède les paramètres suivants :

- Puissance apparente rayonnée : P_r = 2.50648 e-6 Watts : cette expression rayonnée occulte les pertes introduites par le matériau de l'antenne telles que les pertes par inductions, les pertes diélectriques et les pertes par effet Joule.
- Angle effective : θ = 3.10927 Stéradians
- Directivité : D = 6.06551 dB : cette valeur décrit la capacité de l'antenne à focaliser le rayonnement dans une direction donnée. Elle résulte du rapport de l'intensité de rayonnement de l'antenne par rapport à une antenne isotropique.

- Gain : G = 2.47493 dB : ce gain traduit la quantité d'énergie reçue ou émise dans une direction par rapport à la quantité d'énergie reçue ou émise d'une antenne de référence.

Généralement les antennes directives avec un lobe étroit, dont l'énergie est focalisée dans une direction bien déterminée ont donc un gain plus grand.

Les valeurs de gain et de directivité obtenues illustrent bien le comportement de l'antenne. Plus leurs valeurs sont élevées, plus l'antenne concentre l'énergie dans un faisceau restreint. Il est à noter qu'il est d'usage d'exprimer ces grandeurs en échelle logarithmique. C'est pourquoi les valeurs du gain et de directivité sont données en dB.

Conclusion

Dans ce chapitre, nous avons présenté une étude technique du système RFID. Il contient d'abord d'une description des interfaces des principaux constituants du système RFID. Ensuite, il donne une explication sur l'échange de données entre le lecteur et le transpondeur tout en mentionnant les protocoles de communication misent en évidence dans un système RFID.

Enfin, nous avons simulé le paramètre S_{11}, le gain, la directivité ainsi que le diagramme de rayonnement de l'antenne patch conçue.

Une fois l'étude du système RFID est achevée on pourra, donc, entamer la partie la plus importante de notre projet, la conception et l'émulation du système RFID.

Partie 2

Chapitre 4 :   Environnement logiciel

Chapitre 5 : Solution : traçabilité des colis postaux

Chapitre 4

Environnement logiciel

Introduction

L'implémentation de la technologie RFID dans une entreprise exige des investissements importants dans le temps, le matériel et l'infrastructure. C'est pourquoi, avoir un outil qui réalise l'émulation rapide des étiquettes et des lecteurs RFID a un apport très important pour toute entreprise qui veut bénéficier de la technologie RFID. Pour cet objectif, un outil intéressant est présenté par Rifidi.

Ainsi, le présent chapitre contient une étude des besoins ainsi qu'une spécification de l'environnement logiciel.

1 Analyse des besoins

Dans ce paragraphe, nous exposons l'ensemble des besoins auxquels doit répondre l'application à développer. Nous allons mettre l'accent sur l'ensemble des fonctionnalités que nous jugeons réalisables dans le cadre de notre projet.

1.1 Besoins fonctionnels

Les besoins fonctionnels sont l'ensemble des services qui sont directement liés aux tâches à réaliser. De ce fait, l'application à développer doit apporter les fonctionnalités techniques suivantes :

- La traçabilité en temps réel des colis postaux.
- L'automatisation des tâches de l'agent de la poste.
- La possibilité de sauvegarder, de restaurer, et d'archiver les données dans la base de données.
- L'enregistrement de l'historique contenant l'ensemble des informations concernant les mouvements d'entrée /sortie des colis.

1.2 Besoins non fonctionnels

Les besoins non fonctionnels se basent sur le respect des normes de l'ergonomie. De ce fait, les besoins non fonctionnels qui doivent être garantis sont :

- La fiabilité : le système doit prouver la sûreté de son fonctionnement. C'est pour cette raison qu'il doit exécuter correctement toutes ses structures, pour répondre convenablement aux besoins de la poste.

- La performance : l'application doit être avant tout performante, c'est-à-dire à travers ses fonctionnalités, elle répond à toutes les exigences d'une manière optimale.
- La sécurité : le système doit assurer la sécurité des colis lors de l'envoi et de la réception d'où le besoin d'un système de traçabilité en temps réel de ces colis.
- La simplicité : la simplicité est une exigence incontournable pour réussir la transition vers un nouveau système.

2 Spécification de l'environnement logiciel

L'utilisation d'un logiciel adapté à un système RFID est indispensable pour assurer la gestion des données. Le logiciel RFID, ou le middleware RFID, représente le cerveau de la chaîne RFID. Il permet de transformer les données brutes émises par la puce RFID en informations compréhensibles.

Il est donc nécessaire de choisir un logiciel pour traiter les informations contenues dans les puces RFID et intégrer ces informations dans les bases de données de l'entreprise. Dans ce contexte, l'offre proposée en matière de logiciel RFID est multiple et les acteurs du marché sont nombreux, le choix peut paraître à première vue difficile à effectuer. C'est pourquoi, nous avons choisi de tester plusieurs middleware avant que notre choix soit fixé sur un parmi eux.

2.1 Logiciels commerciaux

❖ **RFID Anywhere**

RFID Anywhere (version 3.5.1) est une plate-forme logicielle qui simplifie toutes les phases d'identification par radiofréquence, y compris les projets de développement, le déploiement, et, finalement, la gestion des réseaux fortement distribués. RFID gère les interfaces avec des lecteurs RFID, des capteurs et des contrôleurs.

RFID Anywhere est construit sur la plate-forme « .NET ». Il fournit une architecture orientée services, où de multiples applications peuvent consommer des données traitées. Cette architecture orientée services permet aux organisations d'investir dans la technologie RFID en leur permettant de tirer parti du même matériel RFID pour alimenter n'importe quel nombre des applications départementales ou de l'entreprise. (RFID Anywhere guide-08)

44

Ce logiciel prend en charge un large éventail de lecteurs, des formats d'étiquette, et des protocoles. Il peut être déployé sur le bord du réseau, réduisant ainsi le flux de données à travers le réseau et en permettant des réponses en temps réel aux données d'événements RFID.

❖ **RFID Gateway**

RFID Gateway représente une solution logicielle modulaire, extensible et compatible avec les standars EPC. Ce logiciel permet une gestion optimale des données, des tags et du matériel RFID. Pour tous les niveaux et tous les types de déploiements. [14]

Malheureusement, nous avons été confrontées à un manque de donnés concernant ces logiciels puisqu'il s'agit d'un logiciel commercial.

2.2 Logiciels Open Source

❖ **Tag Capture**

Tag Capture (version 1.0) est une application démontrant les fonctionnalités de l'intergiciel ALE et de l'intégration avec le projet de Accada EPCIS. Il démontre l'intégration réussie de CUHK middleware avec un module EPCIS open source. (LAM, A.-07)

Pour réussir l'installation du Tag Capture, il ffaut installer certains logiciels à savoir : Java Development Kit (JDK) version 1.5, MySQL version 5.0, CHUCK RFID version 1.0, Appache Tomcat, Accada EPCIS Project.

❖ **Tag Centric**

Tag Centric est un logiciel écrit dans le but est de commander les dispositifs RFID et recueillir des données relatives à RFID. Il permet à l'utilisateur d'interagir plusieurs marques de lecteurs RFID d'une façon transparente et de recueillir des données dans une base de données spécifiée par l'utilisateur.

Etant un logiciel open source, l'objectif général de ce logiciel consiste à fournir un moyen simple et capable d'intégrer des lecteurs RFID, des étiquettes RFID, et une base de données selon le choix de l'utilisateur [15]. L'installation du logiciel Tag Centric paraît au début facile. Ce logiciel nous donne le choix de travailler avec différentes bases de données (Derby Embedded, ODBC, MySQL, DB2 Type 4, oracle et Postgresql).

❖ **CUHK RFID middleware**

CUHK RFID (version) middleware est un logiciel flexible et rentable, conforme aux spécifications middleware EPC global. Il suit la spécification de l'architecture EPC global et les applications « Level Events ». Le système fournit à l'utilisateur une interface ALE pour accéder aux réseaux RFID. L'interface ALE est étendue pour supporter la lecture et l'écriture de la mémoire d'étiquette. (CHUK RFID Group-07)

Ainsi, Les lecteurs RFID peuvent être connectés au serveur exécutant à travers le réseau IP et l'adaptateur RS-32. Grâce à la console de gestion du système de CUHK RFID, tous les lecteurs du réseau RFID peuvent être configurés, contrôlés, gérés et surveillés. Les applications des utilisateurs peuvent être facilement intégrées avec le système middleware.

❖ **Rifidi**

Rifidi représente un logiciel open source regroupant un ensemble d'outils qui constituent une suite de produits adaptés pour la construction du prototype RFID. Ces outils constituent cinq produits distincts qui travaillent ensemble pour effectuer le prototype complet du système RFID.

2.3 Critères de choix du logiciel

Pour faciliter le choix et acquérir le logiciel adapté au système RFID, un ensemble de facteurs doivent être pris en compte tels que la richesse fonctionnelle, le respect des standards EPC, la qualité et la disponibilité de la documentation correspondante, la technologie utilisée, etc.

Néanmoins, nous n'avons pas pu utulisées certains logiciels à cause de la nécessité des licences dans le cas des logiciels commerciaux (RFID Anywhere, RFID Gateway) et à cause des problèmes d'installation et du manque d'autres logiciels nécessaires à l'installation du logiciel open source désiré comme c'est le cas de Tag Capturer, Tag Centric, CUHK RFID, etc.

De ce fait, le choix retenu est d'adopter le middleware Rifidi, vu les principaux points suivants :

• Il est compatible avec le standard EPC global.

• La documentation est disponible et de bonne qualité.

• Il adopte une architecture modulaire, ce qui simplifie son exploitation.

Ce qui pourra être principalement considéré comme limite par rapport aux autres middlewares, c'est qu'il n'est pas riche en termes de fonctionnalités offertes. Cette limite ne présente pas un handicap pour notre cas, vu qu'on cherche à implémenter un middleware basique ayant un code source relativement moins complexe, afin qu'il soit aisément exploité.

3 Présentation générale de la suite Rifidi

Rifidi vise à être un environnement de développement intégré pour la RFID, en anglais l'IDE (Integrated Development Environment). Il s'agit d'un logiciel open source qui permet la création virtuelle d'un scénario reposant sur la technologie RFID tout en étant sûr que ce scénario se déroulera comme l'est également dans le monde réel. [16]

3.1 Architecture de l'open source Rifidi

Rifidi assure principalement trois fonctions : le prototypage grâce à Rifidi Toolkit, le développement par l'outil Rifidi Workbench et la production et le fonctionnement et ceci par le serveur Rifidi Edge (figure 4.1).

En effet, la boite à outil Rifidi (Rifidi Toolkit) est une suite de produits de trois applications logicielles, qui facilite le développement du prototype RFID. Tout d'abord, l'émulateur (Rifidi Emulator) permet de simuler les différents types de lecture des événements. Ensuite, le concepteur (Rifidi designer) est un outil de présentation de l'architecture du système RFID. Et enfin, le Rifidi Tag Streamer est un outil de test permettant la génération d'un grand nombre de lecteurs et d'étiquettes virtuels pour tester le système RFID. Les événements lus sont créés par le matériel émulé et envoyés à l'intergiciel Rifidi. Par conséquent, la boîte à outil Rifidi et Edge Server assurent la production et l'opération de l'application RFID via la plateforme Rifidi Workbensh qui permet le développement de cette application. Le schéma ci-dessous illustre l'interaction entre les différents outils qui constituent le package Rifidi.

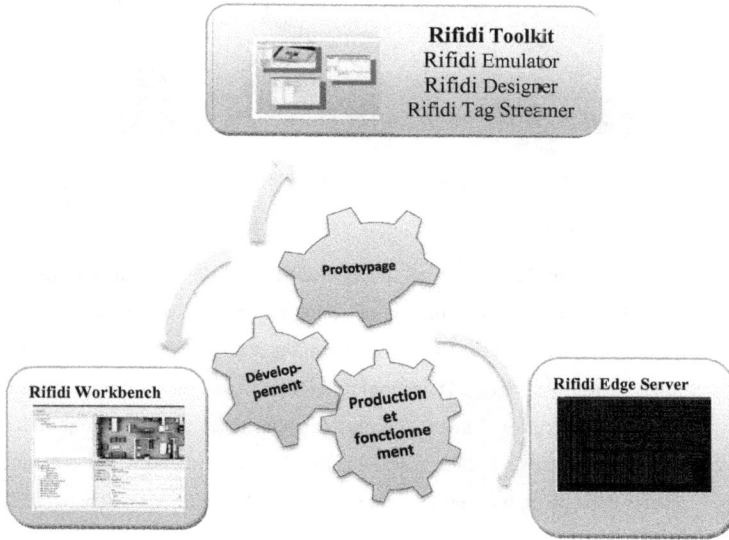

Figure 4.1 : Architecture du package Rifidi

3.2 Description des outils Rifidi

3.2.1 Rifidi Edge Server

Rifidi Edge Server est une plate-forme à haute performance basée sur OSGi et java . Elle combine les normes ALE (Application Level Event) et les modules CEP pour créer des applications RFID dynamiques. Ce middleware RFID constitue un serveur de bord qui recueille les identificateurs des étiquettes. L'objectif du serveur Edge consiste à se connecter à n'importe quel type de capteurs (par exemple les lecteurs RFID) et de recueillir des renseignements de leur part. Ainsi, Rifidi Edge server est le middleware qui assure la connexion entre Rifidi Workbench et Rifidi Emulator. [17]

Toutefois, le serveur Edge est conçu d'une façon qui lui permet de recueillir de nombreux types de données à partir de nombreux types de dispositifs. Comme le montre la figure 4.2, l'architecture du serveur Edge peut être résumée en référence avec le modèle en couche de l'ISO en trois couches principales [18] :

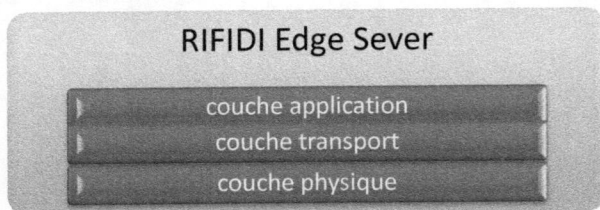

Figure 4.2 : Architecture de l'outil Rifidi Edge Server

❖ **La couche physique**

Elle est destinée à définir la manière selon laquelle les étiquettes et le lecteur dialoguent et se comprennent. Elle assure la représentation des données (bit) ou codage, la synchronisation et la détection des bits des erreurs, telles que le dialogue entre l'étiquette et le lecteur qui présente certaines contraintes liées à la technologie RFID. Ainsi, la couche physique gère la reconnaissance et l'identification d'une ou de plusieurs étiquettes dans le champ du lecteur, la taille mémoire de l'étiquette, l'algorithme d'anticollision permettant de dialoguer avec plusieurs étiquettes dans un même champ et d'assurer aussi la sécurité des échanges.

❖ **La couche transport**

Elle est la quatrième couche du modèle OSI destinée à assurer la gestion du dialogue entre deux nœuds actifs. Elle assure le formatage des données sous forme de messages. Ainsi, cette couche est caractérisée par deux modes de connexions :

- Mode connecté : connexion de bout en bout sécurisé avec multiplexage de voies possible.

- Mode non connecté : service datagramme non fiable.

❖ **La couche application**

C'est la septième couche du modèle OSI. Elle représente l'interface entre l'application de l'utilisateur et le service de communication. En effet, cette couche permet de structurer les données lors de l'échange et de la normalisation dans un contexte d'acteurs multiples.

3.2.2 Rifidi Workbench

Il s'agit d'une plate-forme de développement pour l'ALE (Application Level Event). Il constitue donc l'outil de développement de base pour l'ensemble des outils Rifidi.

Une fois que le programme est chargé, l'interface graphique principale se présente montrant une fenêtre divisée en quatre parties principales. (Figure 4.3)

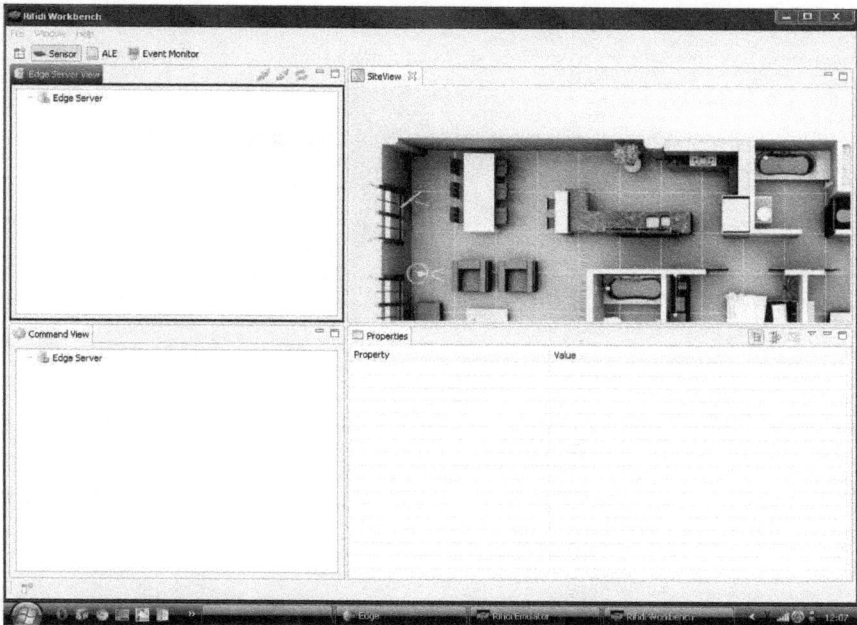

Figure 4.3 : Interface de Rifidi Workbench

- A la partie supérieure gauche de l'écran il y a un cadre contenant les composantes du serveur Edge à savoir : le lecteur à ajouter, la session à créer et les commandes appropriées à l'application souhaitée.

- Dans la partie inférieure gauche, on trouve un cadran comprenant une vue de commande, en anglais, « Command View » dans lequel on va créer un modèle de commande relatif à la session de détection des étiquettes.

- Au centre de l'écran, il y'a une image appartenant par défaut à cette interface. Cet emplacement peut être chargé par une fenêtre qui illustre le processus de détection des tags.

- Au bas de la fenêtre, il y a une liste qui illustre les propriétés des éléments ajoutés et un rapport s'affiche à la fin de l'exécution de tous les outils Rifidi.

3.2.3 Rifidi Emulator

L'outil Rifidi Emulator est utilisé pour l'étude du comportement d'un système lorsque le lecteur détecte une étiquette. Il permet d'émuler les lecteurs, de lire les étiquettes et de fournir l'accès pour le système matériel en utilisant un serveur client, comme le serveur ALE. Cet

50

outil intègre une interface pour créer des scénarios et garantir par la suite la lecture rapide des étiquettes. Son interface est composée de quatre parties principales, comme la montre la figure 4.4.

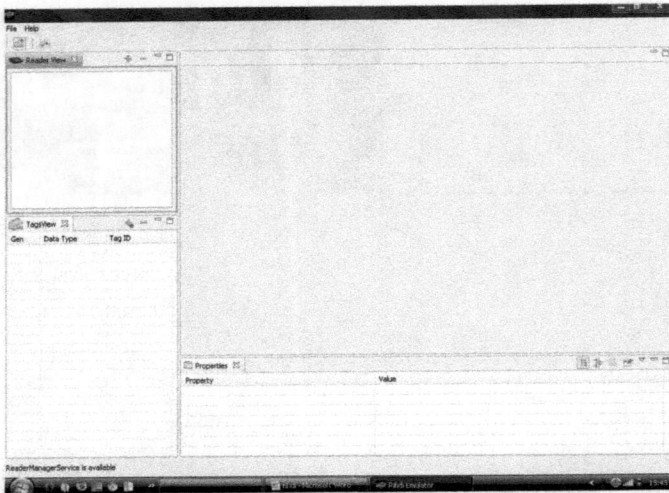

Figure 4.4 : Interface de Rifidi Emulator

- A la partie supérieure gauche de l'écran, s'effectue la création des lecteurs avec les spécifications suivantes : le nombre, le type, le nom et l'état du lecteur (lecteur activé ou désactivé).

- Dans la partie inférieure gauche de l'écran, il y a un cadre dans lequel s'effectue la création des étiquettes à utiliser pour l'application.

- Au centre de l'écran, s'effectue la création d'une liste contenant la situation des étiquettes dans la file d'attente du lecteur sélectionné.

-Au bas de l'écran, il y a une icône pour visualiser le comportement de la lecture des tags.

3.2.4 Rifidi Designer

Rifidi Designer est un outil de conception construit au-dessus du moteur d'émulation. Il s'agit d'un concepteur qui permet de créer un scénario en 3D avec des éléments graphiques (par exemple des lecteurs, des paquets, des bras de poussé, des infrarouges, etc.). Cette interface de simulation permet de faire des animations afin que les étiquettes puissent être lues. Ainsi, l'utilisateur peut configurer sa chaine de production avec les convoyeurs, la

51

position des portes lecteurs (Gates), etc. et voir comment les étiquettes se comportent dans cet environnement. L'interface graphique de cet outil est présentée dans la figure 4.5 :

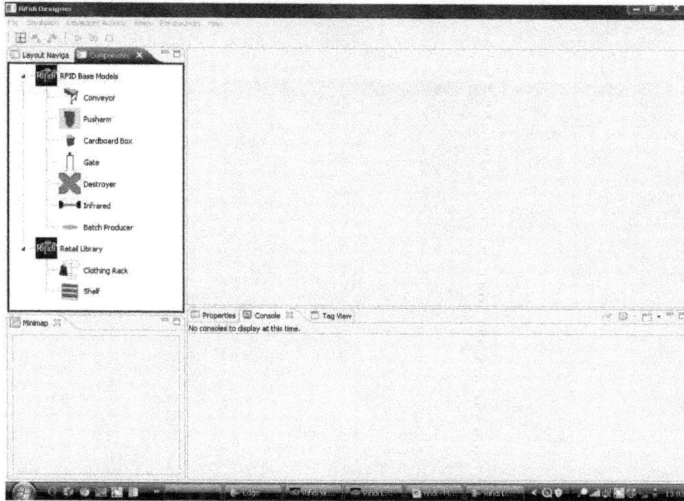

Figure 4.5 : Interface de Rifidi Designer

- A la partie supérieure gauche de l'écran, il y a un cadre qui montre quelques éléments qui peuvent être ajoutés dans un scénario 3D : convoyeur, box, lecteur, infrarouge, etc.

- Dans la partie inférieure gauche, on trouve une mini-carte (Minimap) sur le scénario 3D créé.

- Au centre de l'écran, il se trouve le scénario 3D du prototype créé dans lequel il est possible d'ajouter les éléments.

- Au bas de la fenêtre, il y a la liste des propriétés des éléments ajoutés.

3.2.5   Rifidi Tag Streamer

Rifidi Tag Streamer est un outil de test. Il permet de scripter certains scénarios en utilisant XML, y compris l'ajout des tags, le retrait des tags et des événements GPI. Ainsi, cet outil donne la possibilité d'exécuter ces scénarios sur plusieurs lecteurs et en utilisant de nombreuses machines différentes.

Cet outil, qui représente une unité de test, est composé de scénarios et de lots. Les scénarios sont définis comme étant des tâches (patchs) pour simuler les lecteurs, et les lots sont définis comme étant des actions qui se produisent sur ces lecteurs. Ces configurations peuvent contenir les délais des événements qui limitent la disposition des séquences d'émulations des lecteurs. Ainsi, le concept du Rifidi Tag Streamer repose sur une suite de tests des lecteurs et des étiquettes qu'on souhaite simuler. Une fois que le programme est chargé, l'interface graphique principale se présente comme la montre la figure 4.6 :

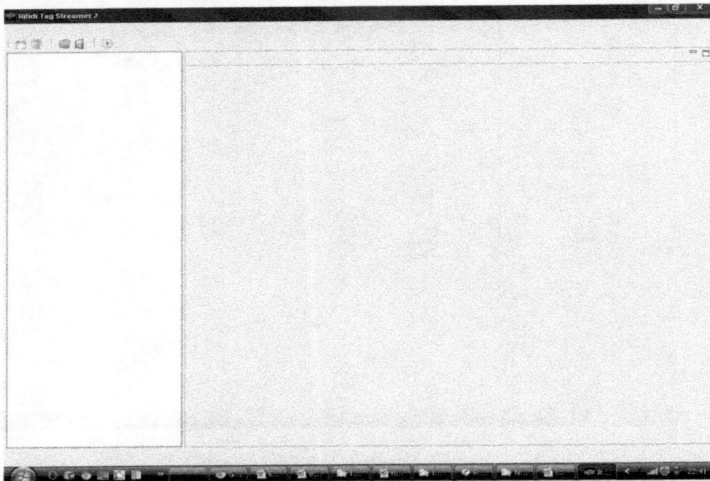

Figure 4.6 : Interface de Rifidi Tag Streamer

4 Serveur et système de gestion de la base de données

4.1 Serveur Apache Tomcat

Le logiciel Apache Tomcat (version 5.5) est une implémentation open source [19]. Ce serveur a une petite empreinte qui le rend facile à s'intégrer dans n'importe quelle application basée sur Java, mais il prend également en charge le plus familier mode client / serveur. La fonction principale du serveur Apache, dans notre application, est d'interfacer avec la base de données MySQl.

4.2 LogicAlloy

Il s'agit d'un logiciel open source RFID utilisant l'architecture conforme EPC global dans la collecte et le filtrage des données brutes provenant de lecteurs RFID. Ainsi, il permet la génération des rapports et l'abonnement à d'autres demandes.

Comme une application open source avec une licence à coût zéro, le serveur ALE nous donne la liberté et la flexibilité d'utiliser le logiciel sans coût initial. En outre, logicAlloy

53

facilite le travail avec RFID en regroupant des logiciels à haute performance avec un paquet facile à utiliser et avec des outils de gestion.

4.3 MySQL

Pour choisir une base de données, il faut prendre en compte quelques paramètres tels que la rapidité et la fiabilité du système de gestion de la base, le nombre de connexions admissibles simultanément, le prix et les performances nécessaires de la machine sur laquelle va être installé le système de gestion de base de données. La portabilité du serveur ne doit pas non plus être exclue de ce choix.

Dans notre cas, nous voulons une base de données légère, fiable, gratuite et supportant un nombre pas très élevé de connexions simultanées. Le meilleur choix est MySQL. Les autres bases de données, comme Access et Oracle par exemple, ont des inconvénients tels que le prix et les performances demandées à la machine pour Oracle. Une base comme Access de Microsoft est très simple à utiliser mais elle ne peut pas être portée sur une machine ayant un autre système d'exploitation que Windows. En plus, le problème de licence se pose.

Conclusion

Ce chapitre est une présentation des logiciels choisis pour notre application afin d'émuler rapidement des étiquettes et des lecteurs RFID. Ces outils permettront aux entreprises de produire de nouveaux services et de traiter avec succès la préoccupation des clients tout en utilisant une architecture logicielle pour aboutir à un design approprié. Il permet ainsi l'évaluation rapide et non coûteuse du processus RFID avant d'investir dans cette technologie.

Le chapitre suivant va présenter d'une manière détaillée les différentes étapes dans notre application dont le but consiste à émuler des lecteurs et des étiquettes RFID.

Chapitre 5

Solution : traçabilité des colis postaux

Introduction

Le rôle des outils Rifidi est de simuler un lecteur RFID et de lire une étiquette à base de son protocole de communication. Cela donne la possibilité de créer des scénarios et de simuler les données RFID qui sont habituellement réservées aux grandes mises en œuvre de la vie réelle.

Dans ce chapitre, nous allons effectuer les simulations nécessaires, par Rifidi, afin de générer des scénarios avec des éléments graphiques (lecteurs, étiquettes, paquets,..).

1 Etapes de développement de l'application

Les étapes de développement de l'application en utilisant le package Rifidi peuvent être structurées en trois phases :

- Phase de conception.
- Phase d'émulation.
- Phase des tests.

1.1 Phase de conception par l'outil Rifidi Designer

Pour commencer, nous allons donner un aperçu sur le prototype RFID à émuler. Pour ce faire, nous avons utilisé l'outil Rifidi Designer afin de représenter un scénario en 3D du déroulement du processus RFID. Est dans le but de donner une vision claire, explicite et convaincante, aux agents du centre de Tri Postal, sur l'utilité de l'implémentation du système RFID.

Ainsi, nous avons d'abord présenté une plateforme sur laquelle nous allons effectuer le design approprié à l'environnement du centre de Tri Postal. Ensuite, nous avons équipé cette plateforme avec les outils nécessaires à l'émulation du système RFID tels que les convoyeurs sur lesquels circulera le colis, les Gates (des supports porteurs des lecteurs RFID), des bras de poussée (push-arm) assurant le changement de direction des colis lorsqu'ils arrivent aux extrémités des convoyeurs.etc. Et ceci comme le montre la figure 5.1.

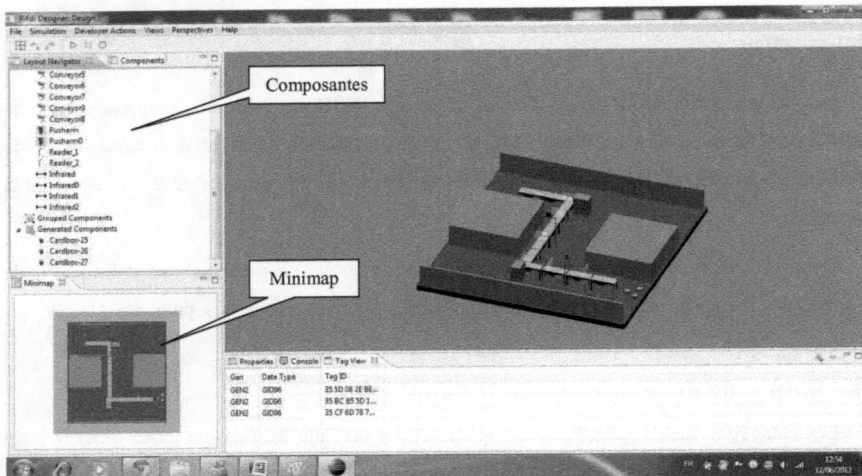

Figure 5.1 : Conception par Rifidi Designer

Les composantes de cette interface sont représentées dans la figure 5.2 :

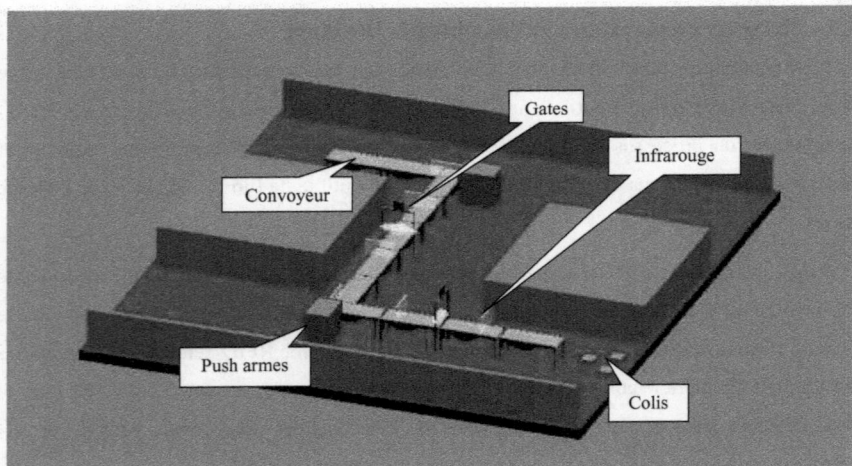

Figure 5.2 : Différentes composantes de l'interface conçue

Cette figure permet la description de la chaine de traitement automatisée de détection des colis postaux. En effet, les colis sont représentés par des box tagués qui circulent sur des convoyeurs et qui seront détectés par les lecteurs (Gates) dès qu'ils entrent dans leurs champs de lecture, et ceci est représenté dans la figure par des rayonnements issus des lecteurs. Et comme le colis passe dans son parcours par différents points de lecture, il sera, donc, orienté par les bras poussée (push-arme).

Il est à noter que cette chaine est, aussi, équipée par des capteurs infrarouges pour détecter les différentes positions des colis.

En outre, l'exécution de ce scénario s'effectue à l'aide d'une interface GPIO (General Purpose Input Output) qui assure une interconnexion des différents équipements utilisés dans la chaine de manière à ce qu'elle réponde au besoin du centre de tri postal, comme le montre la figure 5.3 :

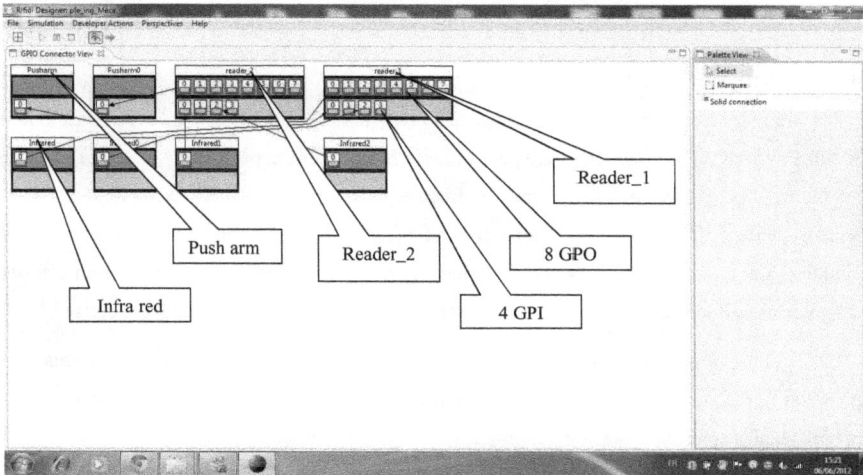

Figure 5.3 : Interface GPIO

En particulier, cette fonctionnalité doit être réalisée une fois que les objets sont mis en place. La dépendance d'un bouton-bras (push-arm) par une porte (Gate) rend l'utilisation du GPIO typique. Par exemple, si un lecteur détecte la présence d'une étiquette, un bouton-bras sera activé pour déplacer l'objet marqué avec cette étiquette (Tag).

Ainsi, le designer donne une bonne représentation virtuelle correspondant à l'émulation du scénario du passage des colis tagués par les lecteurs RFID.

Pour conclure, Rifidi Designer est un outil qui permet d'ajouter des objets prédéfinis tels que les producteurs des tags RFID, les convoyeurs, les lecteurs de porte, les bouton-bras, les boites, etc. Chaque objet possède des propriétés (par exemple, la sensibilité et la vitesse) qui dépendent de son type et peut être mis en rotation, retiré et son comportement peut être fait en fonction du comportement d'un autre objet. En outre, chaque composant ajouté au scénario 3D peut être activé ou désactivé lors de l'exécution. L'association d'une adresse IP et d'un port à chaque porte permet de suivre les connexions. De cette façon, il est possible de surveiller les étiquettes RFID qui passent à travers la grille. La présence d'une console permet à l'utilisateur d'analyser le processus de lectures des étiquettes pour toutes les portes à travers lesquelles une boite virtuelle passe. Une fois la conception du système par l'outil Rifidi Designer est achevée, on doit étudier le comportement du système lorsque le lecteur détecte une étiquette. Ainsi, Rifidi Emulator est l'outil qui nous aide à faire cette émulation.

1.2 Phase d'émulation

La première étape de l'émulation consiste à créer au moins un lecteur, au niveau de l'outil Rifidi Emulator, dont on choisit le type, l'adresse IP et le port appropriés. Un lecteur possède au moins une antenne qui lui permet d'effectuer le dialogue avec les tags. Cependant, le lecteur peut avoir jusqu'à quatre antennes et bénéficier ainsi d'une zone de lecture très étendue. Le fait d'avoir plusieurs antennes permet à un lecteur d'avoir différents types d'opérations effectuées en même temps sur des zones différentes au sein de l'entreprise.

Dans notre application, nous avons choisi un lecteur de type Alien 9800 (reader_1) possédant deux antennes d'émission-réception (Antenna_0 et Antenna_1) ainsi que certaines propriétés illustrées dans la figure 5.4 :

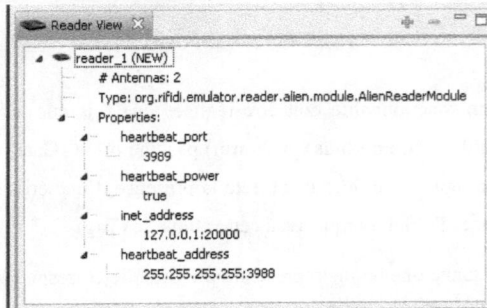

Figure 5.4 : Ajout des lecteurs dans Rifidi Emulator

Le deuxième interlocuteur lors d'un dialogue RFID est le tag. Ainsi, la deuxième étape consiste à créer des étiquettes. Pour ce faire, on doit leur choisir le type, la génération et le nombre, de façon à ce qu'elles correspondent aux caractéristiques du lecteur Alien 9800 choisi, afin d'établir une communication entre elles. Dans notre application, on a utilisé 15 tags de type GID96 dont la classe appartient à la deuxième génération (GEN2). Chacun de ces Tags possède un identifiant unique (Tag ID). (Figure 5.5)

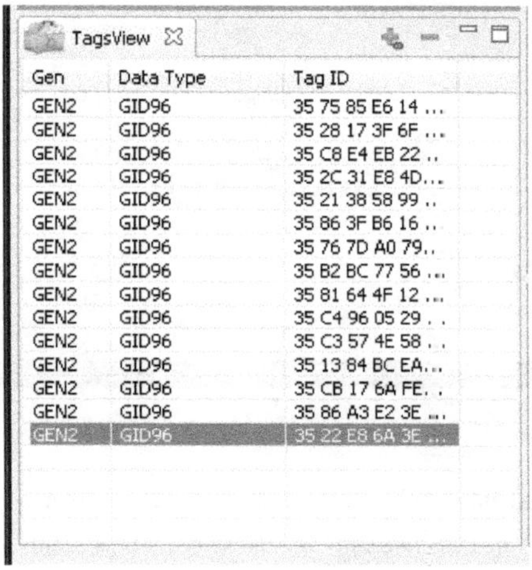

Gen	Data Type	Tag ID
GEN2	GID96	35 75 85 E6 14 ...
GEN2	GID96	35 28 17 3F 6F ...
GEN2	GID96	35 C8 E4 EB 22 ..
GEN2	GID96	35 2C 31 E8 4D...
GEN2	GID96	35 21 38 58 99 ..
GEN2	GID96	35 86 3F B6 16 ..
GEN2	GID96	35 76 7D A0 79..
GEN2	GID96	35 B2 BC 77 56 ...
GEN2	GID96	35 81 64 4F 12 ...
GEN2	GID96	35 C4 96 05 29 . .
GEN2	GID96	35 C3 57 4E 58 . .
GEN2	GID96	35 13 84 BC EA...
GEN2	GID96	35 CB 17 6A FE. .
GEN2	GID96	35 86 A3 E2 3E ...
GEN2	GID96	35 22 E8 6A 3E ...

Figure 5.5 : Ajout des étiquettes dans Rifidi Emulator

Ensuite, en faisant glisser ces étiquettes vers les antennes (Antenna_0 et Antenna_1) du lecteur Alien sélectionné, il est facile de constater que ce dernier attrape les étiquettes quand elles sont dans sa file d'attente (dans son champ de lecture), comme l'indique la figure 5.6 :

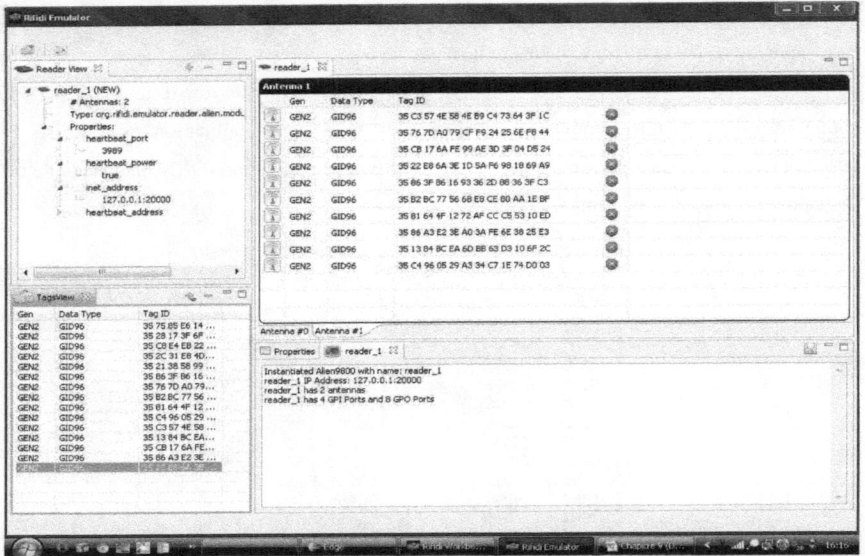

Figure 5.6 : Détection des étiquettes par l'antenne_1

A ce niveau, on fait intervenir la plate-forme de développement Workbensh pour simuler le phénomène de la détection des tags par le lecteur. Une telle connexion entre ces deux interfaces (Emulator et Workbench) est assurée via un intergiciel (Middleware) qui est le Rifidi Edge server.

La figure 5.7 montre une capture d'écran lors de l'exécution de l'outil Rifidi Edge Server.

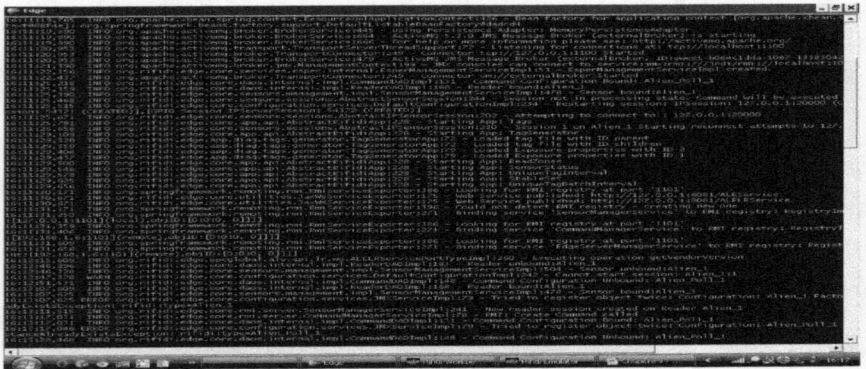

Figure 5.7 : Connexion par Rifidi Edge Server

Ce serveur assure le traitement des événements de traçabilité pour l'entreprise, mais il n'ya pas de logiciel à l'écoute de la file d'attente. Ainsi, Rifidi Workbench est un logiciel destiné à suivre les évènements de traçabilité générés par Rifidi Edge Server.

Pour ce faire, on charge l'interface Workbensh, à laquelle on ajoute un lecteur « virtuel » de même type et possédant les mêmes propriétés que celui créé dans l'interface Rifidi Emulator (lecteur « physique »).

Une capture d'écran sur l'exécution de l'outil Rifidi Workbench, lors de l'un de nos tests, est représentée dans la figure 5.8 :

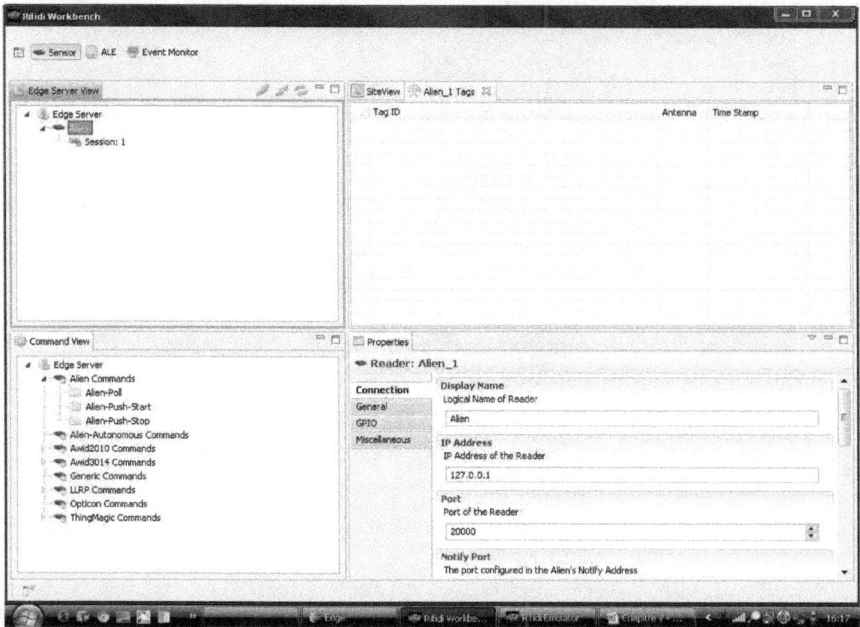

Figure 5.8 : Création du lecteur au niveau de l'outil RIFIDI Workbench

A ce niveau, on doit créer une session dont le rôle est d'assurer le suivi des étiquettes. Une fois le lecteur est connecté, la session est activée et une « commande template » est créée au niveau de l'outil Rifidi Workbench. On doit configurer le lecteur créée au niveau Rifidi Emulator en mode « running » ; une connexion entre eux s'établit. Cette connexion se traduit par une exécution qui se déclenche au niveau Rifidi Emulator comme le montre la figure 5.9 :

62

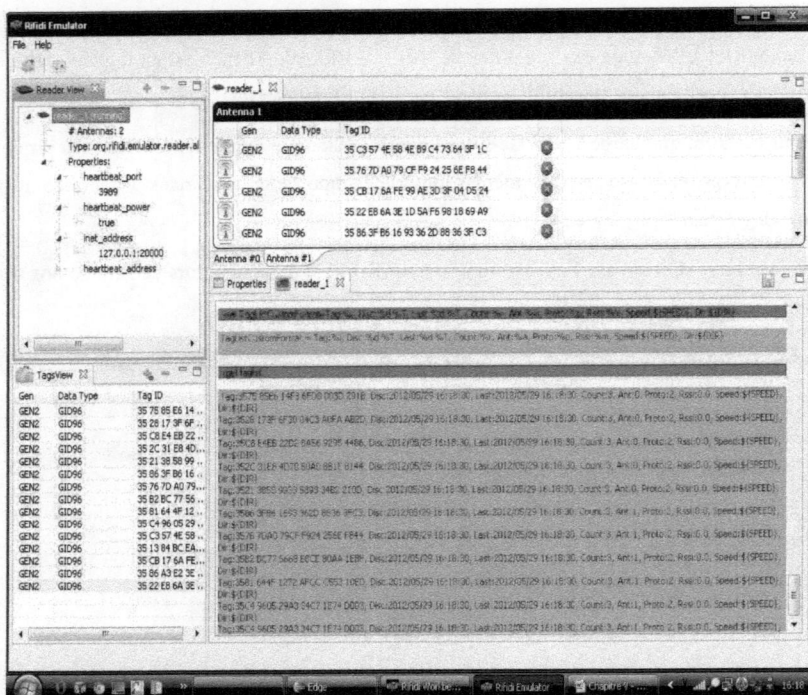

Figure 5.9 : Emulation par Rifidi Emulator

Le rapport délivré par cet outil est tel que le montre la figure 5.10 :

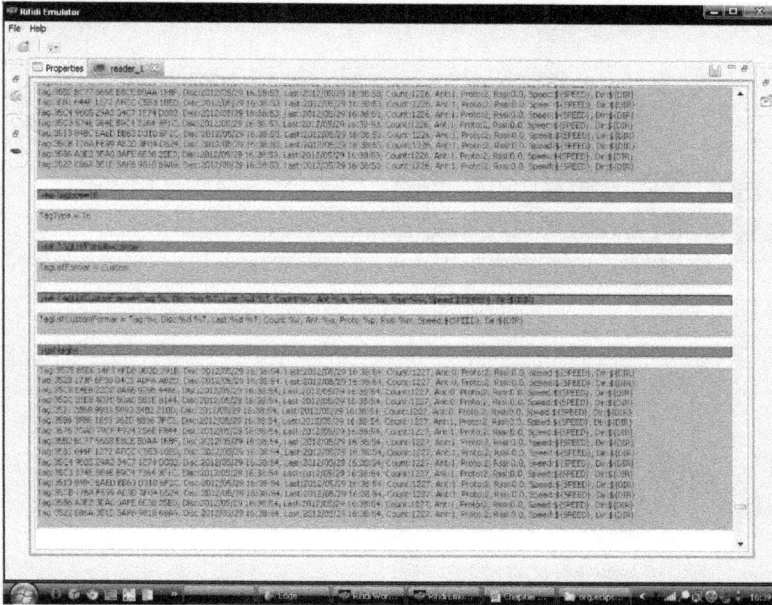

Figure 5.4 : Rapport d'émulation obtenu par Rif.di Emulator

Cette émulation représente la collecte des différentes données statiques relatives à la lecture des tags. Ces données peuvent fournir des informations précieuses pour l'analyse d'un système RFID telles que l'indication de l'emplacement, la date, la durée de l'exécution des tags, etc.

Ainsi, la lecture des évènements générés par les tags durant certaines périodes de temps peut donner aux utilisateurs une idée sur le nombre des évènements EPC (Electronic Product Code) qu'une chaine de traitement doit consommer en réalité. Cette information fournit des indications importantes dans l'environnement cible, qui influe sur les décisions de conception.

Dans la figure 5.11, nous avons choisi une ligne de cette émulation dans le but de l'expliquer.

Identificateur unique de l'étiquette → Date de première détection du tag

Temps de première vue →

Date de dernière vue →

Tag:3575 85E6 14F3 6FDB 003D 291B, **Disc:**2012/04/22 19:46:52, **Last:**2012/04/22 19:46:52, **Count:**226, Ant:0, **Proto:**2, **Rssi:**0.0, **Speed:**${SPEED}, **Dir:**${DIR}

→ Direction

→ Vitesse

→ Quantité de puissance reçue (RSSI crête)

→ Protocole

→ Tag détectée par Antenne_0

→ Counter (compteur)

→ Temps de dernière vue du Tag

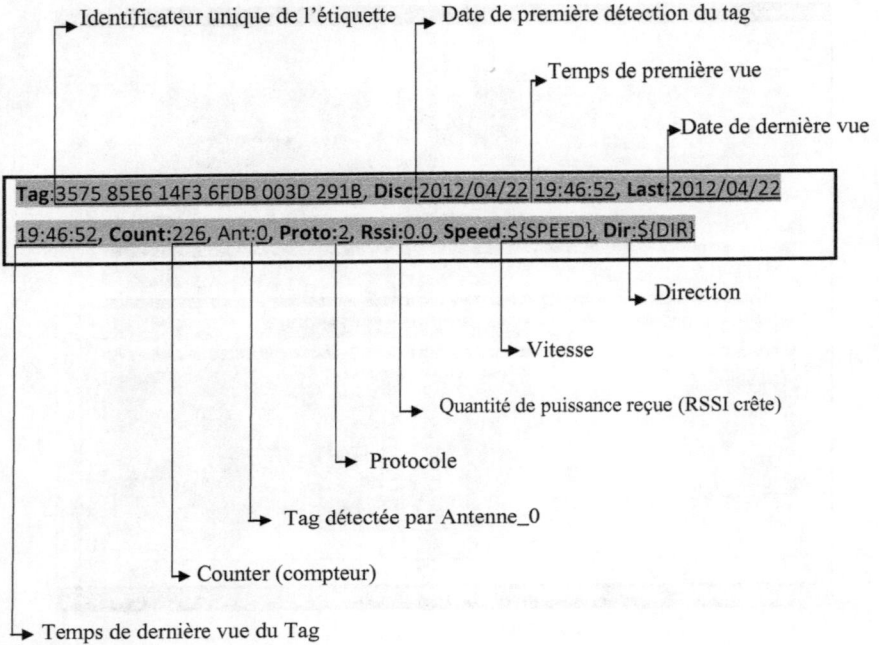

En outre ces statistiques peuvent fournir aux développeurs de la simulation, ou encore aux créateurs d'un modèle de chaine d'approvisionnement, des informations sur l'état du fonctionnement du système RFID à travers le rapport délivré par l'outil Rifidi Emulator.

Le rapport d'émulation créé au niveau de l'outil Rifidi Emulator peut être enregistré sous la forme d'un fichier XML (figure 5.11). (Annexe 1)

emulator_test

Figure 5.11 : Rapport d'émulation de Rifidi Emulator enregistré sous forme d'un fichier xml

A ce niveau, le lecteur créé au niveau de l'outil Rifidi Workbench devient capable de détecter les étiquettes créées dans l'outil Rifidi Emulator.

La figure 5.12 représente une capture d'écran de l'interface de Rifidi Workbench suite à la détection du lecteur de ce dernier des étiquettes créées au niveau de Rifidi Emulator.

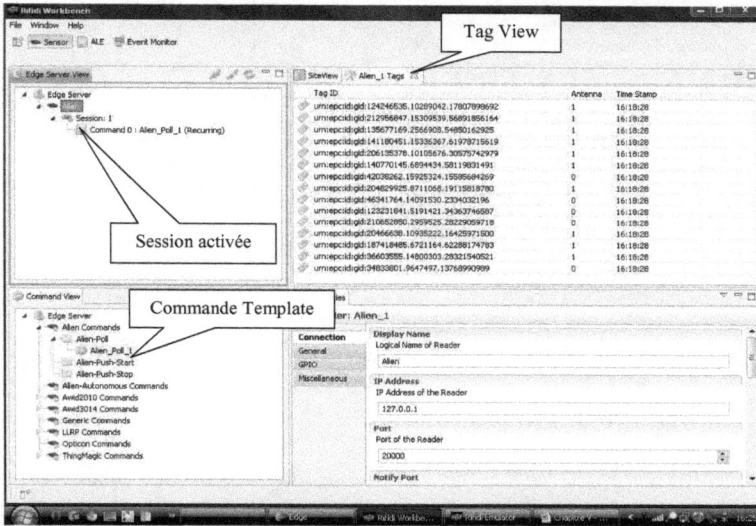

Figure 5.12 : Détection des étiquettes créées par l'outil Rifidi Emulator

Cette exécution traduit le fait que l'opération de traçabilité des étiquettes est achevée avec succès en raison de l'état actuel de la fenêtre « Tag view ».

Faisant maintenant un zoom sur la fenêtre « tags view », appelée « Alien_1 Tags », sachant que « Alien_1 » est le « User name » choisi dès le début pour le lecteur crée. On remarque la présence de 15 tags dont cinq sont détectés par l'antenne_0 du lecteur alors que les autres ont été détectés par l'antenne_1. (Figure 5.13)

Figure 5.13 : Etiquettes détectées au niveau de Rifidi Workbench

Cette fenêtre montre que les étiquettes détectées se différent selon trois paramètres :

- Le premier est l'identificateur de l'étiquette ou « Tag ID ». Ce dernier comporte les éléments suivants :

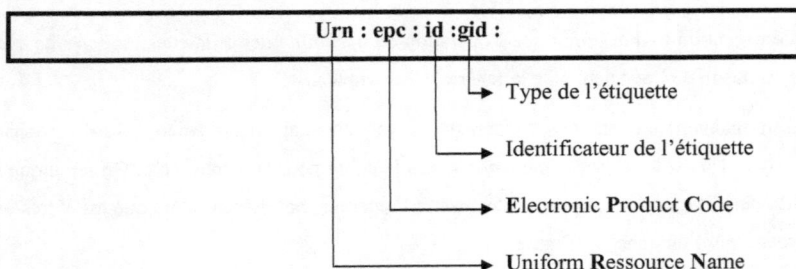

- Le deuxième paramètre désigne l'antenne qui a détecté l'étiquette. Le « 0 » est pour Antenna_0 et le « 1 » est pour Antenna_1.

- Le dernier paramètre « Time Stamp » représente l'horodatage. C'est le temps pendant lequel l'antenne a détecté la présence de l'étiquette.

Une fois le rapport d'émulation est affiché au niveau de l'interface Rifidi Emulator, on doit créer une nouvelle ECSpec (Environment Control Specialist) dans ALE server de l'outil Rifidi Workbench dans le but est de voir le rapport délivré par cet outil. Comme le montre la figure 5.14, certaines étapes doivent être suivies pour choisir les paramètres qui nous intéressent et qui concerne les tags, EPC, Tag Count, etc.

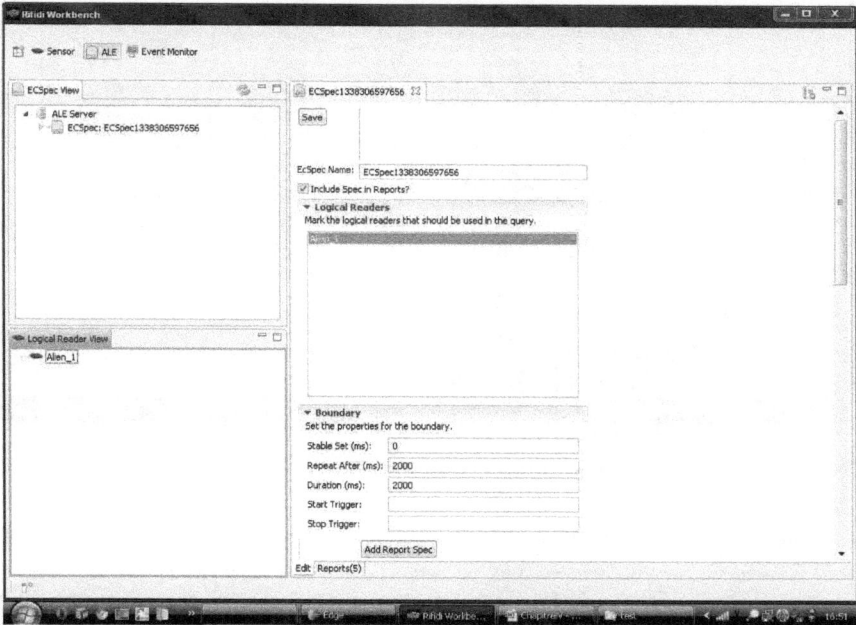

Figure 5.14 : Paramétrage de l'ECSpec dans le serveur ALE

Cette émulation mène à la perspective « Event Monitor » qui affiche un rapport du suivi de l'inspection réalisée par Rifidi Emulator.

Ce rapport est basé sur la transmission des évènements générés par les tags au service d'information EPC qui est un référentiel pour les évènements lus permettant ainsi la vérification de l'authenticité des éléments identifiés.

La figure 5.15, représente une capture d'écran sur une exécution de l'outil Rifidi Workbench permettant de voir les messages qui apparaissent dans le rapport.

68

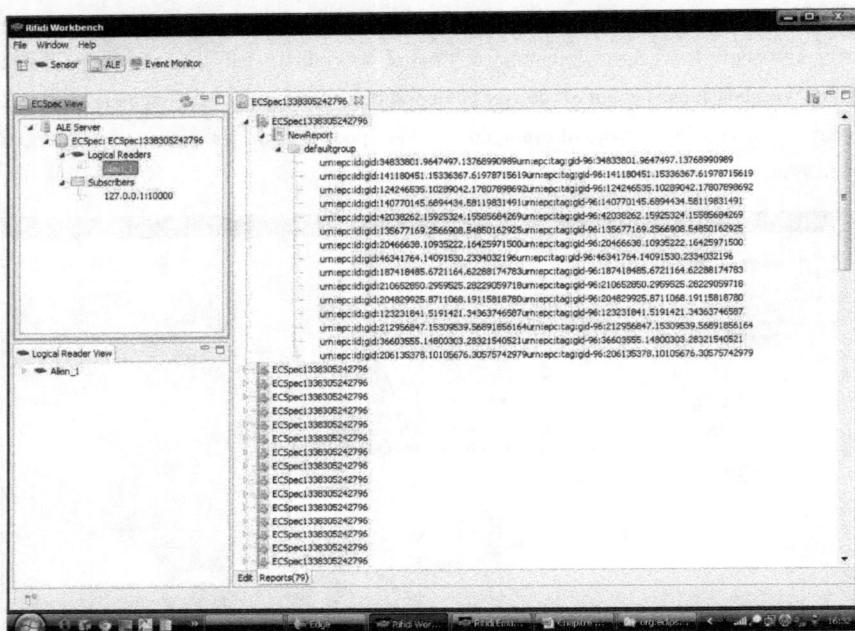

Figure 5.15 : Emulation par Rifidi Workbench

Ce rapport affiche les EPC (Electronic Product Code) générés par le standard EPC global. Ce standard distingue trois couches d'identification pour le traitement des données de l'EPC :

- La couche de réalisation physique, où les données sont physiquement disponibles, comme des données sur une étiquette RFID (ID, type : GID)

- La couche de codage ou les données sont codées et décodées dans des formats déterminés.

- La couche d'identité pure où URN (Uniforme Ressource Name) est utilisée pour l'identification des articles, indépendamment du codage, à partir d'autres couches.

Ainsi, à la différence des codes à barres, les EPC qui représentent une famille de systèmes de codage, permettent le suivi numérique des objets physiques dans les chaines de traitement. Ces EPC sont conçus pour répondre aux besoins des différentes industries tout en garantissant l'unicité des étiquettes EPC conformes. En effet, les étiquettes EPC comportent la classe du produit, son ID et son numéro de série. Ce dernier se compose d'un préfixe de l'entreprise,

69

d'une référence d'emplacement unique attribué par l'entreprise et d'un numéro de poste. Le préfixe d'entreprise est attribué par l'organisation GS1 à la sociézé de gestion.

Voici un modèle de l'identification affichée dans le rapport :

> Urn : epc :id : Company Prefix. Location Referance. Extension company

C'est de cette manière que le simulateur gère les données d'essai nécessaires pour le dépôt des EPC tout en simulant les articles dans les lecteurs d'une chaine de traitement.

Il est à noter que toute création, suppression ou modification de l'un des outils Rifidi (Emulator, Workbench) sera vue par l'autre et configurée dans la plate-forme intergiciel Edge server. Enfin, et en se référant à ce qui a été émulé au niveau Rifidi Emulator, on distingue deux types d'évènements :

❖ **Des évènements de lecture**

Ces évènements sont créés au niveau de l'interface Rifidi Emulator. Ils indiquent que l'article identifié a été lu à l'emplacement, au temps, à la vitesse et l'étape des affaires spécifiés dans la chaine de traitement.

❖ **Des évènements de requête**

Ces évènements sont créés au niveau de l'interface Rifidi Workbench. Ils simulent une demande d' un service EPC. Ce service permet la vérification de l'origine du produit émulé.

Pour tous les scénarios qu'on a créés, les évènements des tags EPC ont été capturés par le système RFID avec succès. Mais ceci n'empêche pas l'occurrence d'un faible pourcentage d'erreurs. De telles erreurs sont censées modifier quelques données de notre système RFID. Ces erreurs se manifestent, par exemple, dans le cas de la double lecture qui crée deux évènements identiques ou encore dans le cas d'une erreur de lecture qui brouille l'évènement résultant à lire. A ce niveau, on a recours à l'outil de test Rifidi Tag Streamer.

1.3 Phase des tests

L'outil de test Rifidi Tag Streamer est capable de charger une suite des tests précédemment enregistrés, les éditer et les enregistrer de nouveau. Les quatre éléments contribuant à la création d'une suite de test sont :

1.3.1 « Component »

Ce sont les périphériques émulés lors d'une simulation d'une suite de tests. Ces composantes représentent une configuration physique du système. Elles définissent, comme le montre la figure 5.16, les informations de configuration du lecteur comme son adresse IP, le port, le nombre des antennes et le GPI/O.

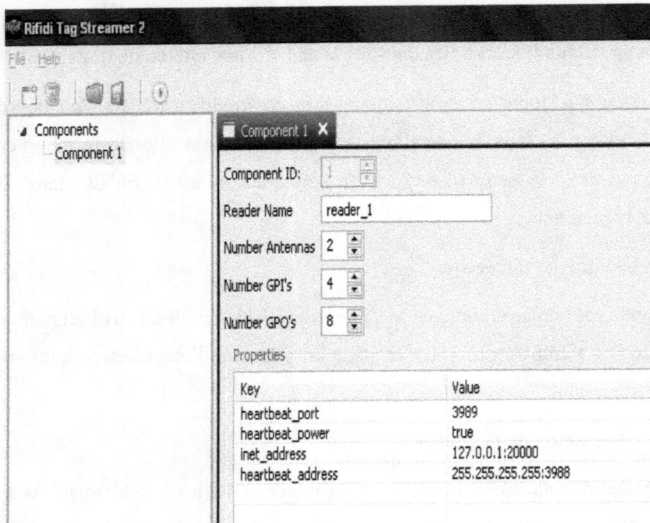

Figure 5.16 : Création du composant par Rifidi Tag Streamer

1.3.2 Scénario

Il définit le trajet d'écoulement linéaire des colis dans lequel chaque élément possède un lecteur et un temps, en millisecondes, prédéfini durant lequel l'élément (le colis) doit se déplacer tout au long du chemin d'accès de l'antenne_0 à l'antenne_1 suivant le scénario illustré dans la figure 5.17 :

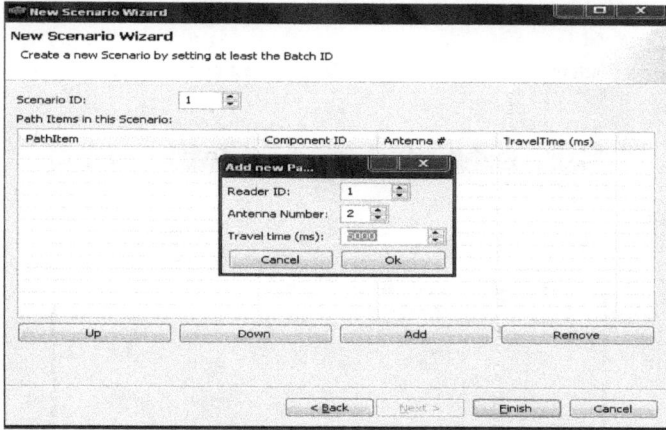

Figure 5.17 : Création d'un scénario par RifidiTag Streamer

❖ **« Batches »**

Ils constituent une séquence d'actions agissant sur un lecteur. Il comporte trois unités de base appelées « actions » :

❖ **« Tag action »**

Il définit le modèle des étiquettes qui doit être vu par le lecteur. Dans notre application, on a choisi de travailler avec quinze étiquettes de type GID96 du Gen 2 qui sont placées dans le champ de vision du lecteur pendant 5 secondes. Ainsi, chaque fois qu'une action du tag sera exécutée, les étiquettes sont regénérées selon le scénario défini. Ceci est illustré par la figure 5.18:

Figure 5.18 : Création d'un « tag Action »

❖ **« Wait action »**

C'est le temps d'attente entre deux actions. Ce temps est compris entre 500 ms et 1000 ms (figure 5.19).

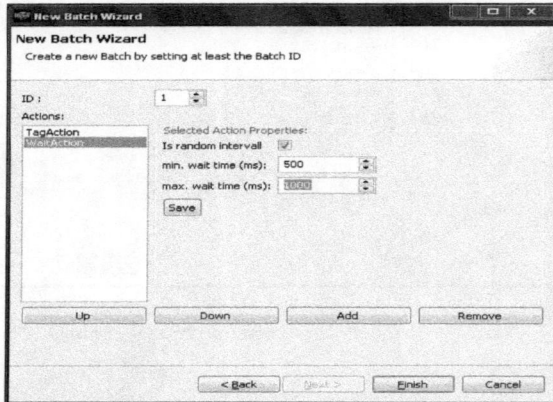

Figure 5.195 : Création d'un « wait Action »

❖ **« GPI action »**

L'action GPI sera utilisée dans le but de fixer les ports GPI pendant un certain laps de temps (figure 5.20).

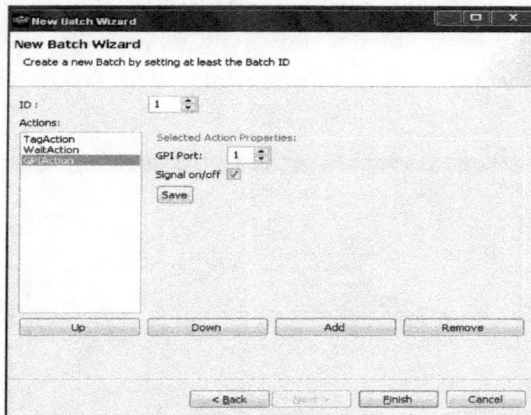

Figure 5.20 : Création d'un « GPI Action »

1.3.3 « Test Unit »

L'unité de test combine les trois éléments précédents dans une simulation exécutable. Elle assure la connexion entre le scénario et les « batches ».

En outre, l'unité de test définit le nombre d'itération que les « batches » doivent exécuter pendant un scénario. Ainsi, la simulation sera terminée lorsque la dernière action dans les « batches » est exécutée autour du dernier lecteur dans le scénario.

La première étape au niveau de l'unité de test consiste à créer un « Batch Action » (figure 5.21) au niveau Test Unit Wizard.

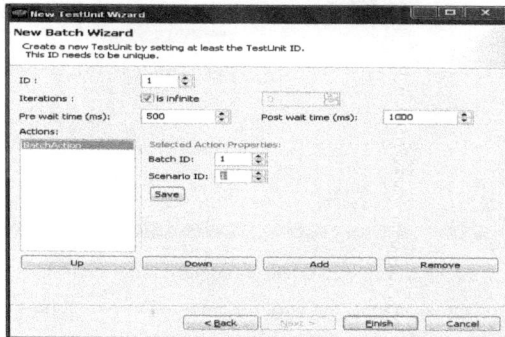

Figure 5.21 : Création d'un « Batch Action » au niveau du « Test Unit wizard »

La deuxième étape au niveau de l'unité de test consiste à créer un « Wait Action » au niveau « Test Unit Wizard » (figure 5.22) :

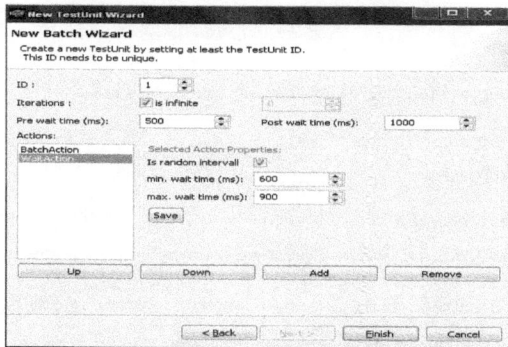

Figure 5.22 : Création d'un « Wait Action » au niveau du « Test Unit Wizard »

74

Une fois, toutes ces étapes sont achevées, on peut maintenant faire l'exécution de la suite des tests par l'outil Rifidi Tag Streamer. On doit donc enregistrer ce travail puis cliquer sur le bouton « run » pour commencer l'exécution. Dans la Figure 5.23, nous avons présenté une capture d'écran sur l'exécution de l'outil Rifidi Tag Streamer à la fin de nos tests.

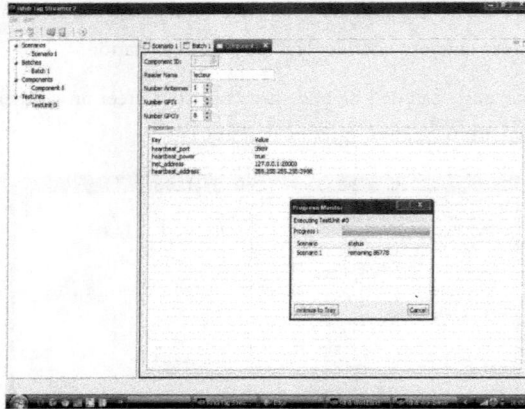

Figure 5.23 : Exécution des tests par Rifidi Tag Streamer

Cette suite de test créée au sein de cet outil est enregistrée en tant qu'un fichier xml (figure 5.24). (Annexe 2)

TestSuite_ING_MECA_3

Figure 5.24 : Suite du test enregistré sous forme d'un fichier xml

2   Analyses critiques

Lors de nos tests, nous sommes confrontées quelques problèmes spécifiquement avec l'utilisation de l'outil Rifidi Designer. Il présente les problèmes suivants :

- La configuration d'un seul scénario ne peut être sauvegardée que si on est sûr qu'elle est définitive. Rifidi Designer ne permet pas d'enregistrer une configuration modifiée après la première.

- Les propriétés des portes, en anglais « Gates », telles que les adresses IP et les ports peuvent être uniquement définis au début de la création du scénario.

3   Exportation des données émulées dans la base de données

Pour mettre en évidence l'objectif de notre application, nous avons recours à l'exportation toutes les informations résultant du processus d'émulation dans une base de données. Pour ce faire, nous avons conçu une base de données à l'aide du logiciel MySQL. Toutefois, l'étape de la création de cette base nous a imposé l'utilisation de divers logiciels tel que Appache Tomcat et LogicAlloy, afin d'établir une connexion entre le logiciel MySQL sur lequel nous allons faire la conception de la base de données et l'outil d'émulation Rifidi Emulator. Ainsi, chaque tag créé dans Rifidi Emulator sera affiché automatiquement dans la table « epcis » de la base de données comme le montre la figure 5.25 :

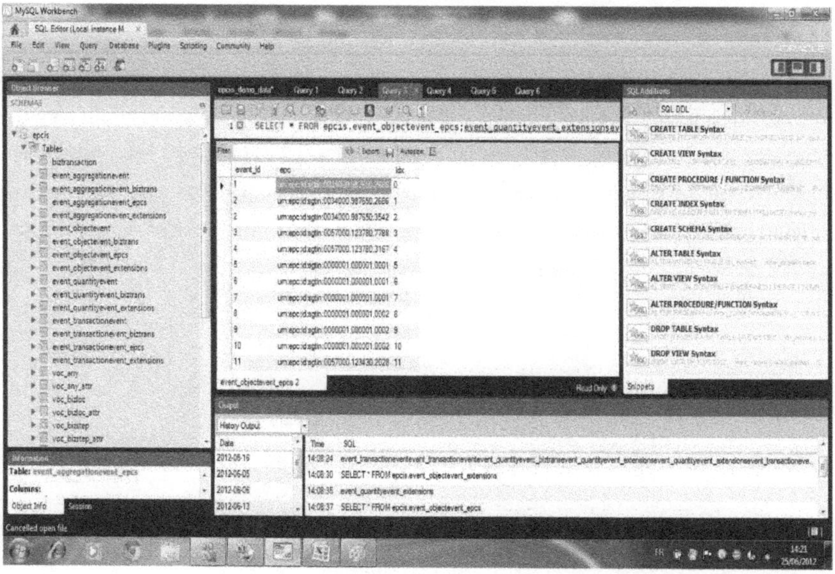

Figure 5.25 : Exportation des données émulées dans une base de données

La table affichée est constituée de trois colonnes. La première colonne est consacrée à « event_id », la deuxième colonne   affiche les « epc » détectés et la troisième colonne est consacrée à l'identifiant de la table ou clé primaire « idx ».

Le modèle des tags détectés suit l'architecture EPC global. Il est, donc, de la forme suivante :

1 urn : epc id : sgtin : 0043000.987650.2686 0

Ainsi, nous avons réussi à émuler le concept de la traçabilité des colis postaux. Tout en offrant un service évolué à la Poste Tunisienne.

Conclusion

Ce chapitre présente l'application émulée par la suite Rifidi. Il donne tout d'abord un apperçu sur le prototype de la chaine de traitement des colis postaux réalisé par Rifidi Designer. Ensuite, il présente une émulation des lecteurs et des étiquettes par les outils Rifidi Edge Server, Rifidi Emulator, Rifidi Workbench et Rifidi Tag Streamer. Cette émulation délivre des rapports de synthèse sur le comportement du système RFID. Enfin, toutes les informations récupérées sont enregistrées dans une base de données.

Ainsi, les résultats obtenus ont confirmé la capacité de l'open source Rifidi utilisé dans notre application pour la traçabilité des colis. Cet outil de simulation est aussi utile pour les administrations douanières et les bureaux de normes qui emploient l'inspection avant expédition pour les marchandises entrant dans leurs pays. De ce fait, tous les utilisateurs ayant des intérêts de recherche dans la chaine de traitement peuvent utiliser Rifidi comme une base pour des recherches plus poussées.

Conclusion et perspectives

Le progrès technologique ne cesse d'inciter les entreprises à développer les solutions les plus appropriées pour offrir des systèmes sûrs, fiables et rentables. De ce fait, l'adoption de la technologie d'identification par radio fréquence RFID a offert de multiples applications touchant différents domaines de la vie courante.

L'objectif de notre projet était de développer une solution de traçabilité dans le but est d'automatiser le suivi des colis de la Poste Tunisienne, tout en remplaçant la technologie des codes à barres par celle basée sur l'identification sans contact des colis par fréquence radio telle que RFID. Pour ce faire, il nous était impossible, de construire un système RFID avec toute la complexité de ses constituants (lecteurs, antennes, étiquettes, etc.). La solution était, donc, d'utiliser un logiciel de simulation du comportement du système RFID.

La première phase du projet consiste à faire la conception d'une antenne Patch rectangulaire, pour les hautes fréquences (UHF), utilisées dans les applications RFID. Pour ce faire, nous avons utilisé le logiciel de simulation électromagnétique ADS qui nous a permis à l'aide de son interface Layout, riche de composantes, de concevoir l'antenne. Ainsi, nous avons réussi à faire la simulation de l'antenne Patch conçue. Les résultats obtenus lors de cette simulation nous ont été efficaces pour juger l'adaptation de l'antenne conçue dans notre application.

Autre que cette application, nous avons consacré la deuxième partie de ce projet à identifier le simulateur adéquat pour le développement de notre prototype RFID. Il a fallu donc définir les critères de sélection du simulateur et leurs importances. Une fois les critères sont définis, il était indispensable d'utiliser chacun des logiciels afin d'étudier leurs positions vis-à-vis des critères de sélection. L'étude des logiciels Open Source (Tag Centric, Tag Capture, Rifidi, CHUCK RFID) a pu se faire assez rapidement du fait de leurs disponibilités immédiates. Pour les logiciels commerciaux (RFID Anywhere, RFID Gateway), il était recommandé d'attendre l'agrément pour recevoir la licence de recherche universitaire afin d'avoir une idée plus précise sur leurs capacités, ce qui était impossible dans notre cas à cause de la contrainte du temps. Enfin, notre choix s'est orienté vers l'utilisation du package Rifidi pour développer notre application en raison de la simplicité de son interface graphique.

Pour ce faire, nous avons commencé par la conception du système RFID à l'aide de l'outil Rifidi Designer. Ce dernier nous a offert l'opportunité de représenter l'environnement virtuel du centre de Tri de la Poste Tunisienne avec tout l'équipement nécessaire pour l'installation de cette technologie. Ensuite, nous avons utilisé l'outil Rifidi Emulator afin de décrire le processus de fonctionnement du système tout en nous appuyant sur l'échange des données entre les entités du système utilisées dans notre application. Ainsi, différents scénarios ont été essayés afin d'aboutir à une émulation explicite de la communication entre les lecteurs et les tags. Enfin, l'outil Rifidi Tag Streamer nous a été utile pour tester la validation du processus émulé par la génération d'un fichier XML contenant les différentes configurations créées lors de la phase d'émulation. De plus, cet outil assure le débogage en cas de l'occurrence des erreurs de détection ou de la lecture des étiquettes RFID.

L'open source Rifidi choisi, nous a aidées à donner une vision claire, explicite et convaincante aux agents du centre de Tri, sur les bénéfices qu'apporte l'implémentation de cette technologie au sein de la Poste. En outre, cet effet assure le suivi du parcours des colis à n'importe quel moment via une interface middleware permettant à l'aide d'une base de données de consulter toutes les informations disponibles sur les colis. Ainsi la traçabilité de ces derniers assure leur protection et rend la relation entre l'agent de la poste et le colis plus transparente.

Tout au long de notre projet, nous étions été confrontées aux questions suivantes :

- Comment pouvons-nous faire un test de charge pour la traçabilité des colis postaux ?
- Comment peut-on modifier quelque chose rapidement et voir comment l'application que nous venons de construire réagit ?
- Comment pouvons-nous inciter les ouvriers à se tenir occupé dans la Poste et d'effectuer des tests ?
- Même si nous sommes obligées de travailler dans un environnement virtuel de la Poste Tunisienne, comment pouvons-nous nous assurer que nous couvrons tous les cas par nos tests ?
- Comment peut-on tester l'environnement de la Poste, après que nous avons terminé le projet et qu'il y a un problème ?

Finalement, nous avons pu répondre à la majorité de ces questions à la fin de notre projet. Ceci nous a permis de consolider nos connaissances théoriques et renforcer notre savoir et notre savoir-faire. Les autres questions nous ont donné l'idée pour de nouvelles perspectives.

En effet, les possibilités de la technologie RFID sont vastes. Une telle technologie peut aussi prévoir le volume du courrier à traiter ou à dédouaner et permettre ainsi une optimisation des ressources humaines et techniques. En outre, le colis peut devenir intelligent grâce à la puce RFID en assurant tout seul son arrivée à destination : dès son passage dans le centre de Tri, le colis pourra indiquer aux machines son adresse de destination, son poids et son statut express, prioritaire ou économique. Il culbutera ainsi vers la zone appropriée sans aucune aide manuelle. La traçabilité des colis postaux pourra être possible dans tout le territoire tunisien et ceci pourra être réalisé en implantant des lecteurs RFID partout en Tunisie.

La deuxième perspective concerne l'extension de notre stratégie à d'autres types de systèmes qui nécessitent également une modélisation : ce système peut être intégré dans les voitures de la Poste Tunisienne par exemple. Une telle technologie (RFID) peut être utilisée pour le suivi des voitures de la Poste tout au long de leurs trajets en partant de la Poste jusqu'à l'arrivée à destination. Ceci permet de garantir la sécurité des voitures et de leurs contenus, il permet également de suivre les chauffeurs pendant leur travail.

L'étendue de la RFID et de ses applications n'est pas encore mesurée mais, il est déjà clair que le RFID demeure une technologie très prometteuse pendant les années prochaines pouvant fournir de nombreux avantages dans divers domaines. L'éventail des possibilités offertes par ce système d'identification perfectionné contribue à l'encourager à innover et cette innovation sera déterminante d'autant plus que la est société en pleine mutation.

Bibliographie

(SCHULET, PILLOUD-08) SCHULET E., PILLOUD J-F., [2008], *Radio Frequency Identification,* [vu le 27 Janvier 2012]

(SERIOT-05) SERIOT N., [2005], *Les systèmes D'identification radio (RFID)-fonctionnement, applications et dangers*, -IL-2005 B, Yverdon-les-Bains, p7/25, [vu le 16 Février 2012]

(FRIQUEB-05) FRIQUEB B. [2005], *Guide d'interprétation et d'application de la norme IEC et d'application de la norme IEC et des normes dérivées IEC 61511 (ISA 584, 01)* et IEC 62061 Version du 8 Avril 2005, p 23/46, [vu le 23 Février 2012]

(HUAULT, 05-06) HUALT T., *Systèmes RFID*, [2005-2006], Master recherche optique et radiofréquence, p 4/9, [vu le 4 Mars 2012]

(IHK-info-11) IHK-info, [11/12/2011], *RFID : une technologie en progression*, p 23/81 [vu le 9 Mars 2012]

(RFID Anywhere guide-08) RFID Anywhere guide [2008], RFID Anywhere™ Getting Started Guide, Version 3.5.1, Copyright © 2008, iAnywhere Solutions, Inc., September 2008, p 4/24, [vu le 15 Mars 2012]

(LAM, A.-07) LAM A. [2007], *TAG Capture – System Design Document Report : CHUCK- Tag Capture-SDD*, Version : 1.0, Issue Date : 30 Jul 2007, p 2/19, [vu le 20 Mars 2012]

(CHUK RFID Group-07) CHUCH RFID Group [2007], A Middelware Solution for RFID System/ A CHUCK White Paper, Version 1.0, Published : March 2007, p 2/6, [vu le 27 Mars 2012]

Netographie

[1]   La Poste Tunisienne : Présentation. [Site consulté le 28/01/2012], URL
       http://gde.webmanagercenter.com/fiche.php?id=47&mnu=presentation

[2]   La Poste Tunisienne. [Site consulté le 28/01/2012], URL
       http://www.poste.tn/page.php?code_menu=3

[3]   La Poste Tunisienne. [Site consulté le 28/01/2012], URL
       http://www.poste.tn/actualites.php?code_menu=33

[4] et [5]   La Poste Tunisienne. [Site consulté le 31/05/2012], URL
       http://www.poste.tn/page.php?code_menu=4

[6]   Universal Postal Union-About Postal Technology center. [Site consulté le
       31/05/2012], URL http://www.upu.int/en/the-upu/postal-technology-centre/about
       ptc.html

 [8]   ISO-A propos de l'ISO. [Site consulté le 31/05/2012], URL
       http://www.iso.org/iso/fr/about.htm

[9]   ISO-Standards development-Technical Committees-List of ISO Technical committes-
       JTC1home. [Site consulté le 31/05/2012], URL http://www.iso.org/iso/jtc1_home.html
       ISO/IEC JTC 1

[10]   rfid reader. [Site consulté le 28/02/2012], URL http://www.rfidreader.com/

[11]   RFID CNRFID-Les gammes de fréquences RFID. [Site consulté le 28/01/2012], URL

       http://www.centrenational-rfid.com/la-rfid/les-gammes-de-frequences
       rfid/article/16/fr.html

[12]   Middelware RFID. [Site consulté le 23/02/2012], URL

       http://rfid-surete.voila.net/middleware_rfid.html

 [13] RFID. [Site consulté le 28/01/2012], URL http://www-igm.univ-
       mlv.fr/~dr/XPOSE2007/mmadegar_rfid/technologies_station-de-base.html

[14]   RFID Gateway. [Site consulté le 13/03/2012], URL
       http://www.quelsoft.com/fiche/rfid-gateway-c28-128-108.html

[15]   TagCentric. [Site consulté le 23/03/2012], URLhttp://tag-centric.sourceforge.net/

[16]   FAQ RIFIDI. [Site consulté le 08/04/2012], URL
        http://wiki.rifidi.net/index.php?title=FAQ

[17]   Rifidi|Edge Server. [Site consulté le 08/04/2012], URL
        http://www.rifidi.org/documentation_edgeserver.html

[18]   Rifidi|Edge Server Architecture. [Site consulté le 08/04/2012], URL
        http://www.rifidi.org/documentation_edgeserver_architecture.html

[19]   Apache Tomcat . [Site consulté le 01/04/2012], URL http://tomcat.apache.org/

Annexes

Annexe 1:Rapport d'un test réalisé par Rifidi Emulator

Annexe 2:Résultat d'une suite des tests réalisés par Rifidi Tag Streamer

Annexe 3:Etapes de conception par Rifidi Designer

Annexe 1 : Rapport d'un test réalisé par Rifidi Emulator

<urn:ECReports specName="TEST" date="2012-05-11T17:21:43.879+0200"
ALEID="ALE1" totalMilliseconds="5001" terminationCondition="DURATION"
xmlns:urn="urn:epcglobal:ale:xsd:1"> - <reports> - <report reportName="TEST">
- <group> - <groupList> - <member date="2012-05-11T17:21:43.148+0200"
logicalReader="Dock Door #1"
antennaPort="0"> <epc>urn:epc:id:gid:1.1.21440</epc> <tag>urn:epc:tag:gid-
96:1.1.21440</tag> <rawHex>urn:epc:raw:96.x35000000100000010000053C0</raw
Hex> <rawDecimal>urn:epc:raw:96.16402705521684210215739741120</rawDecim
al> </member> - <member date="2012-05-11T17:21:42.226+0200"
logicalReader="Dock Door #1"
antennaPort="0"> <epc>urn:epc:id:gid:1.2.21438</epc> <tag>urn:epc:tag:gid-
96:1.2.21438</tag> <rawHex>urn:epc:raw:96.x35000000100000020000053BE</raw
Hex> <rawDecimal>urn:epc:raw:96.16402705521684210284459217854</rawDecim
al> </member> - <member date="2012-05-11T17:21:43.226+0200"
logicalReader="Dock Door #1"
antennaPort="0"> <epc>urn:epc:id:gid:1.2.21439</epc> <tag>urn:epc:tag:gid-
96:1.2.21439</tag> <rawHex>urn:epc:raw:96.x35000000100000020000053BF</raw
Hex> <rawDecimal>urn:epc:raw:96.16402705521684210284459217855</rawDecim
al> </member> - <member date="2012-05-11T17:21:40.148+0200"
logicalReader="Dock Door #1"
antennaPort="0"> <epc>urn:epc:id:gid:1.1.21437</epc> <tag>urn:epc:tag:gid-
96:1.1.21437</tag> <rawHex>urn:epc:raw:96.x35000000100000010000053BD</raw
Hex> <rawDecimal>urn:epc:raw:96.16402705521684210215739741117</rawDecim
al> </member> - <member date="2012-05-11T17:21:41.226+0200"
logicalReader="Dock Door #1"
antennaPort="0"> <epc>urn:epc:id:gid:1.2.21437</epc> <tag>urn:epc:tag:gid-
96:1.2.21437</tag> <rawHex>urn:epc:raw:96.x35000000100000020000053BD</raw
Hex> <rawDecimal>urn:epc:raw:96.16402705521684210284459217853</rawDecim
al> </member> - <member date="2012-05-11T17:21:40.226+0200"
logicalReader="Dock Door #1"
antennaPort="0"> <epc>urn:epc:id:gid:1.2.21436</epc> <tag>urn:epc:tag:gid-
96:1.2.21436</tag> <rawHex>urn:epc:raw:96.x35000000100000020000053BC</raw
Hex> <rawDecimal>urn:epc:raw:96.16402705521684210284459217852</rawDecim
al> </member> - <member date="2012-05-11T17:21:39.225+0200"
logicalReader="Dock Door #1"
antennaPort="0"> <epc>urn:epc:id:gid:1.2.21435</epc> <tag>urn:epc:tag:gid-
96:1.2.21435</tag> <rawHex>urn:epc:raw:96.x35000000100000020000053BB</raw
Hex> <rawDecimal>urn:epc:raw:96.16402705521684210284459217851</rawDecim
al> </member> - <member date="2012-05-11T17:21:42.148+0200"
logicalReader="Dock Door #1"
antennaPort="0"> <epc>urn:epc:id:gid:1.1.21439</epc> <tag>urn:epc:tag:gid-

96:1.1.21439</tag> <rawHex>urn:epc:raw:96.x350000010000010000053BF</raw
Hex> <rawDecimal>urn:epc:raw:96.164027055216842102215739741119</rawDecim
al> </member> - <member date="2012-05-11T17:21:41.148+0200"
logicalReader="Dock Door #1"
antennaPort="0"> <epc>urn:epc:id:gid:1.1.21438</epc> <tag>urn:epc:tag:gid-
96:1.1.21438</tag> <rawHex>urn:epc:raw:96.x350000010000010000053BE</raw
Hex> <rawDecimal>urn:epc:raw:96.164027055216842102215739741118</rawDecim
al> </member> - <member date="2012-05-11T17:21:39.147+0200"
logicalReader="Dock Door #1" antennaPort="0">

Annexe 2 : Résultat d'une suite des tests réalisés par Rifidi Tag Streamer

```xml
<?xml version="1.0" encoding="UTF-8" standalone="yes"?>
<metaFile>
    <batchSuite>
        <batch id="1">
            <tagAction>
                <execDuration>500</execDuration>
                <regenerate>true</regenerate>
                <tagCreationPattern>
                    <accessPass>AAAAAA==</accessPass>
                    <lockPass>AAAAAA==</lockPass>
                    <numberOfTags>4</numberOfTags>
                    <prefix></prefix>
                    <tagGeneration>GEN2</tagGeneration>
                    <tagType>GID96</tagType>
                </tagCreationPattern>
            </tagAction>
            <waitAction>
                <maxWaitTime>0</maxWaitTime>
                <minWaitTime>0</minWaitTime>
                <random>false</random>
            </waitAction>
            <gpiAction>
                <port>1</port>
                <signal>true</signal>
            </gpiAction>
        </batch>
    </batchSuite>
    <componentSuite>
        <readerComponents id="1">
            <reader>
```

```xml
30          <reader>
31              <numAntennas>1</numAntennas>
32              <numGPIs>4</numGPIs>
33              <numGPOs>8</numGPOs>
34              <propertiesMap>
35                  <entry>
36                      <key>heartbeat_port</key>
37                      <value>3989</value>
38                  </entry>
39                  <entry>
40                      <key>heartbeat_power</key>
41                      <value>true</value>
42                  </entry>
43                  <entry>
44                      <key>inet_address</key>
45                      <value>127.0.0.1:20000</value>
46                  </entry>
47                  <entry>
48                      <key>heartbeat_address</key>
49                      <value>255.255.255.255:3988</value>
50                  </entry>
51              </propertiesMap>
52              <readerClassName>org.rifidi.emulator.reader.alien.module.
53              <readerName>lecteur</readerName>
54          </reader>
55      </readerComponents>
56  </componentSuite>
57  <scenarioSuite>
58      <scenario id="1">
59          <pathItem>
```

```xml
59          <pathItem>
60              <antennaNum>0</antennaNum>
61              <readerID>1</readerID>
62              <travelTime>5000</travelTime>
63          </pathItem>
64      </scenario>
65  </scenarioSuite>
66  <testUnitSuite>
67      <testUnits iterations="-1" id="0">
68          <batchAction>
69              <batchID>1</batchID>
70              <scenarioID>1</scenarioID>
71          </batchAction>
72          <postWait>0</postWait>
73          <preWait>0</preWait>
74      </testUnits>
75  </testUnitSuite>
76  </metaFile>
77
```

Annexe 3 : Etapes de conception par Rifidi Designer

Etape 1: la première étape de Rifidi Designer consiste à choisir la plateforme sur la quelle s'effectuera le prototypage de l'environnement à émuler.

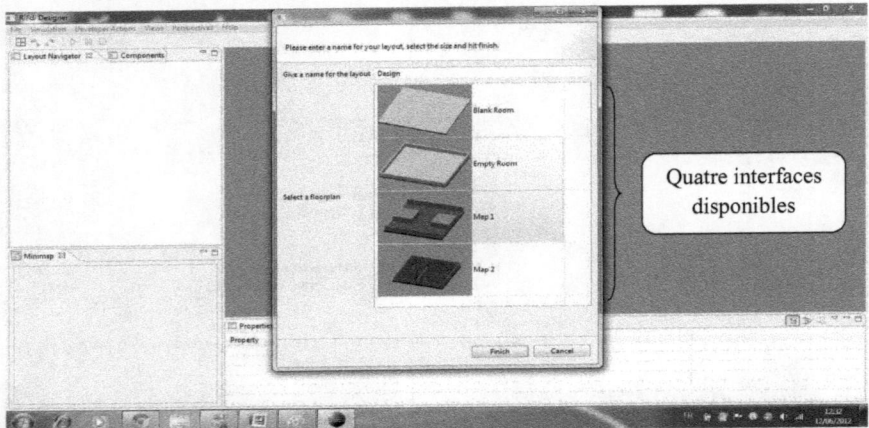

Etape 2 : la deuxième étape consiste à charger la plateforme par les équipements nécessaires à l'émulation du système RFID. Pour ce faire, on commence par placer les convoyeurs comme le montre la figure ci-dessous.

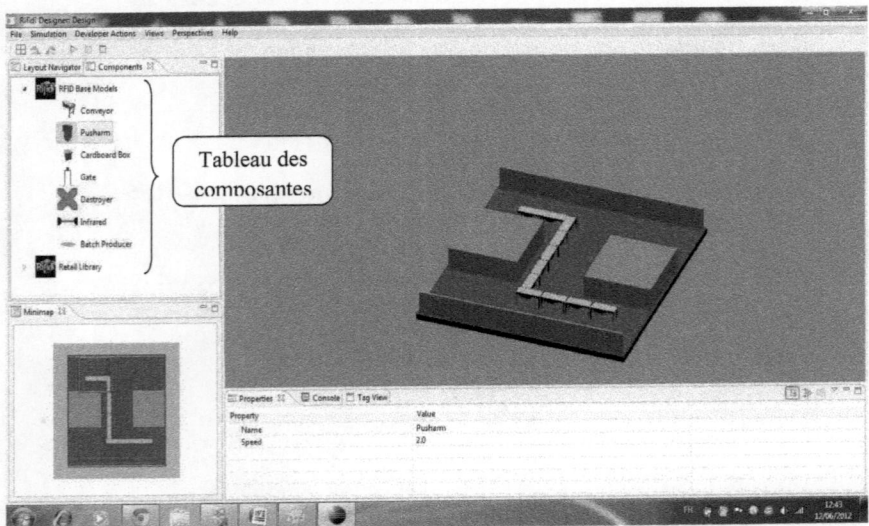

Etape3 : Cette étape est caractérisée par la création et la localisation des lecteurs (Gates), comme le montre les trois figures suivantes.

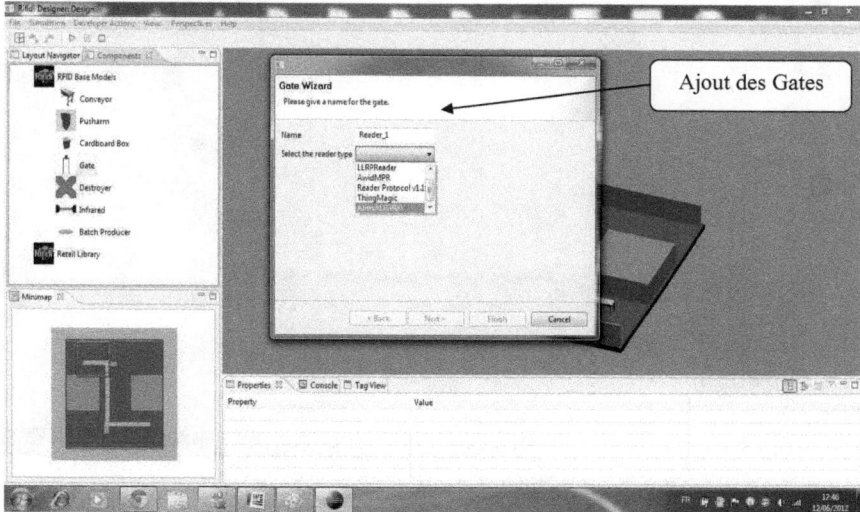

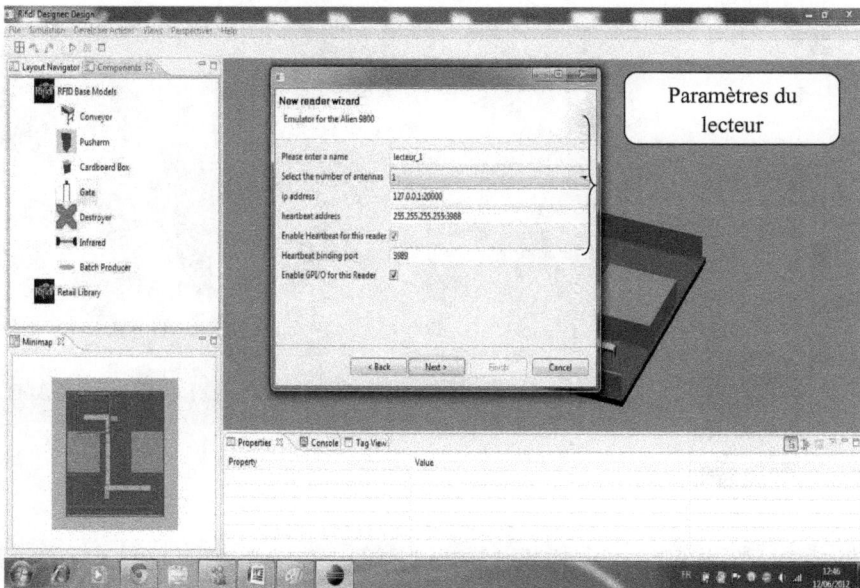

Etape 4 : ajout des bras de poussés (push arm)

Etape 5 : l'ajout des colis tagués est illustré dans les deux figures suivantes :

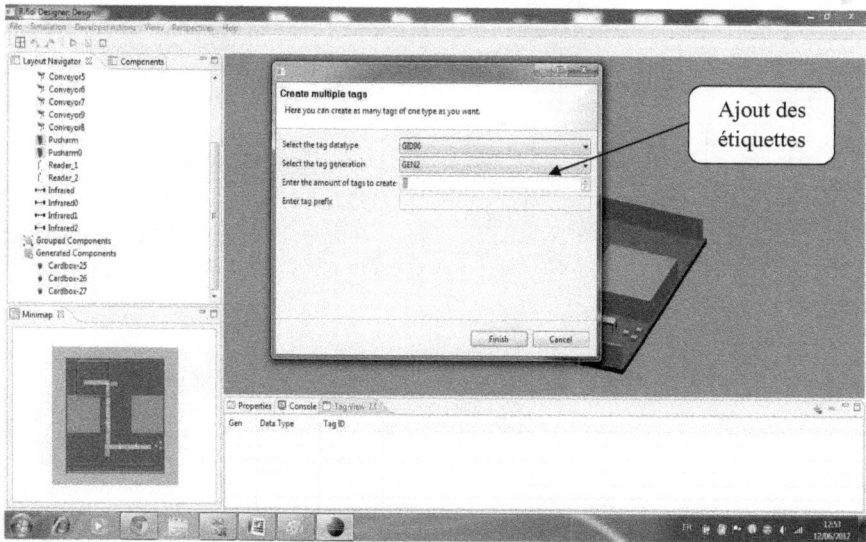

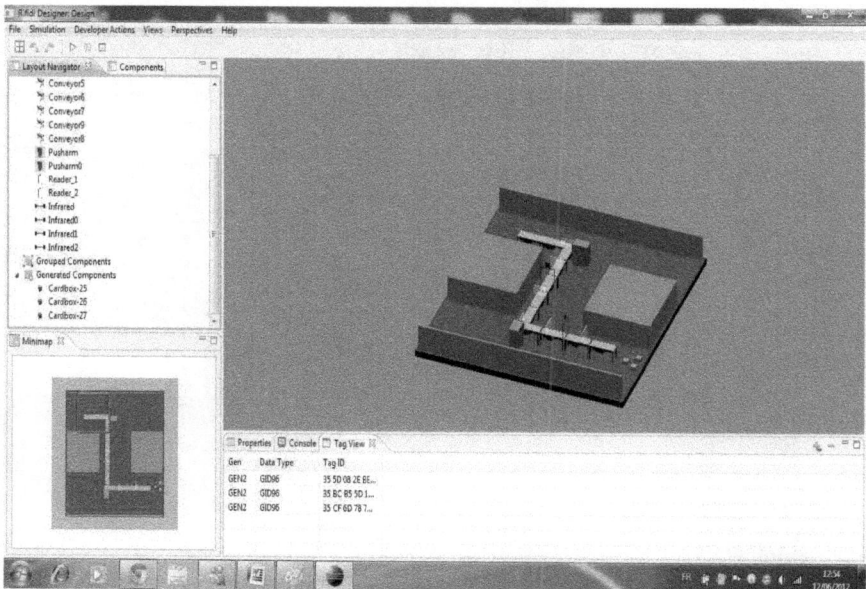

Etape 6 : cette étape consiste à créer une connexion entre les composants à émuler à l'aide de l'interface GPIO :

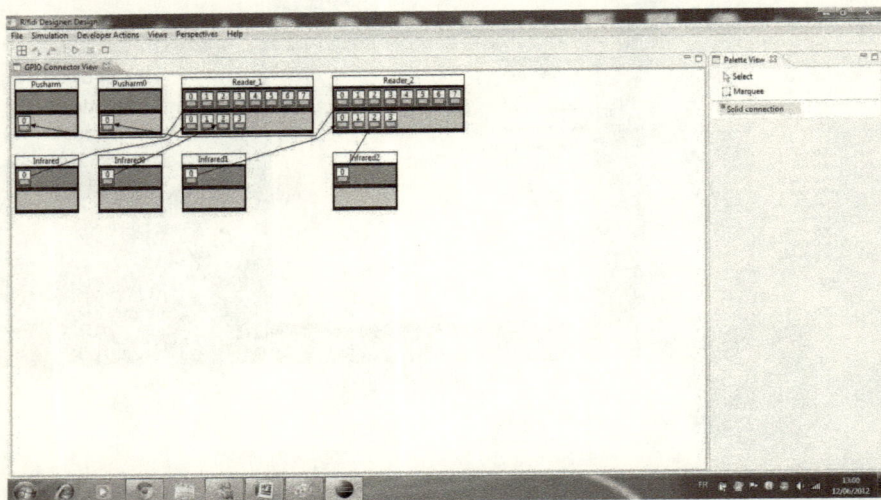

Etape 7 : cette étape est caractérisée par la configuration des composants crées en mode "running" ;

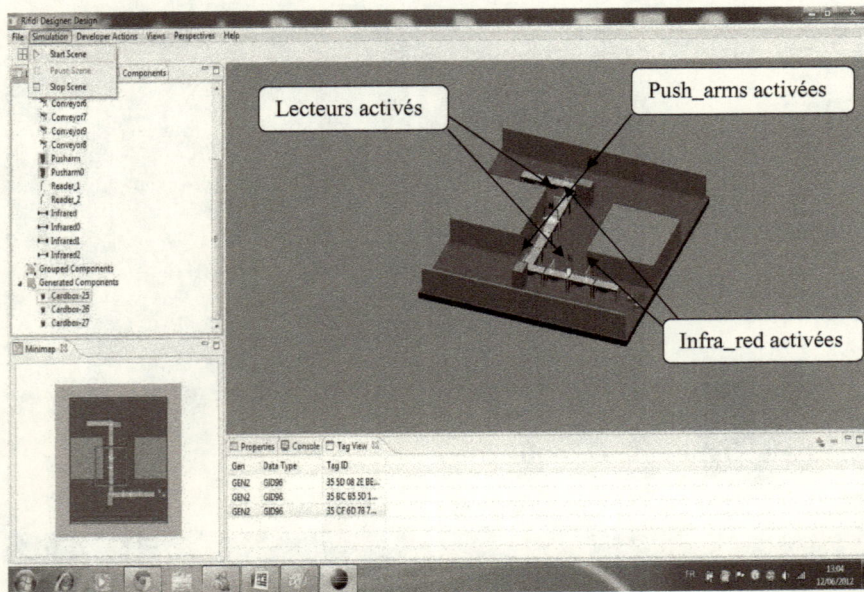

Etape 8 : cette étape illustre la simulation de la plateforme créée

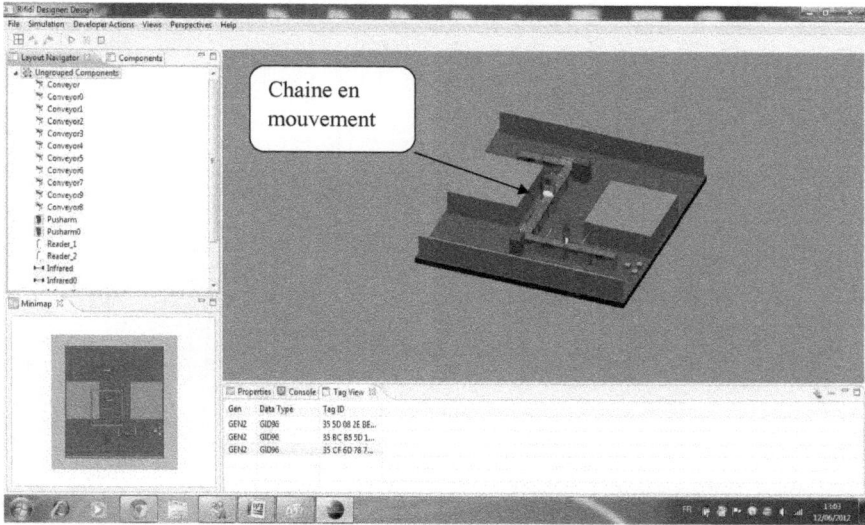

Le schéma ci dessous illustre des lecteurs en exécution: ils présentent des rayonnements en Blanc.

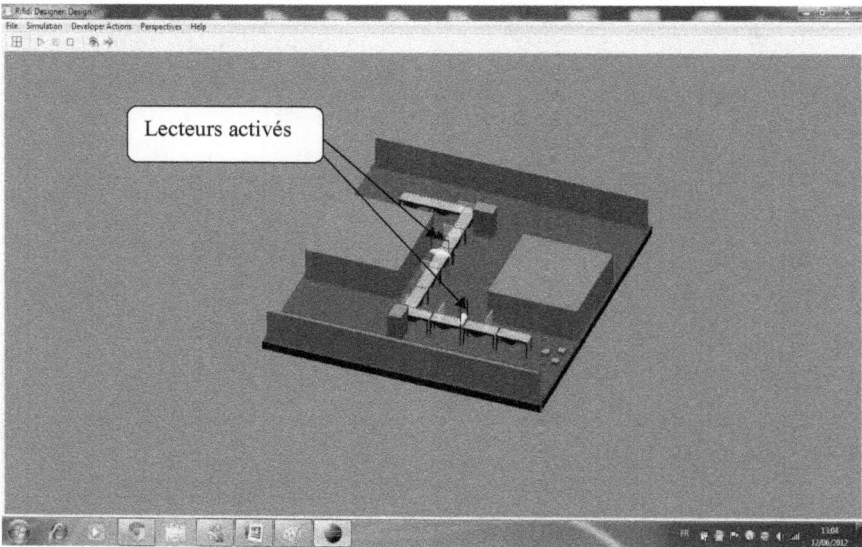

www.ingramcontent.com/pod-product-compliance
Lightning Source LLC
Chambersburg PA
CBHW021114210326
41598CB00017B/1441